여행 좀 해본 스튜어디스 언니의 여행 썰

누구에게나 저마다의 여행이 있다

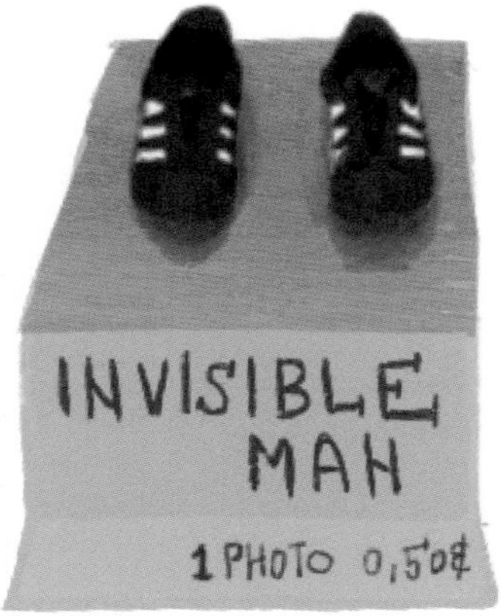

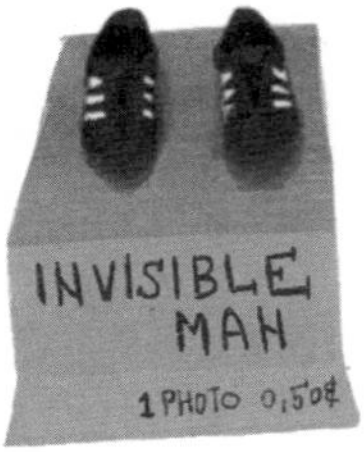

여행 좀 해본 스튜어디스 언니의 여행 썰
누구에게나 저마다의 여행이 있다

초판 1쇄 발행·2021년 11월 16일
초판 2쇄 발행·2022년 1월 18일

지은이·엘레나 정
펴낸이·김종해

펴낸곳·문학세계사
주소·서울시 마포구 신수로 59-1(04087)
전화·02-702-1800
팩스·02-702-0084
이메일·mail@msp21.co.kr
홈페이지·www.msp21.co.kr
페이스북·www.facebook.com/munsebooks
출판등록·제21-108호(1979. 5. 16)

값 18,800원
ISBN 978-89-7075-719-3 03980

여행 좀 해본
스튜어디스 언니의
여행 썰

누구에게나 저마다의 여행이 있다

엘레나 정

문학세계사

여는 글

여행, 일상을 멈추고 나를 되돌아보는 시간

모든 일에는 시작과 끝이 있다. 여행도 마찬가지이다. 2박 3일 동안 국내 여행을 하든, 1년 동안 세계 여행을 하든 언젠가 여행의 끝은 오게 마련이다. 그리고 여행이 끝나고 나면 우리는 다시 원래의 내가 있던 곳으로 돌아가야 한다. 학생이라면 학업으로, 직장인이라면 일터로, 누군가의 엄마나 아빠로 돌아가 잠시 중단했던 의무를 계속 이행해야 한다. 언제까지 여행만 할 수 없다는 것을 우리는 잘 알고 있다.

그런데도 우리는 왜 여행을 하는 걸까? 여행을 떠나는 이유야 여러 가지가 있겠지만, 많은 사람들이 여행을 통해 중요한 결정을 내리거나 고민을 해결하고 싶어 한다. 그래서 보통 인생에서 길을 잃은 것 같은 느낌이 들 때, 혹은 중요한 결정을 내리기 전에 생각을 정리하기 위해 여행을 떠난다.

나 역시 여행을 통해 인생의 해답을 얻고 싶었다. 전력 질주로 달리기만 했던 인생에서 처음으로 뒤를 돌아보며 잘못된 것은 없었는지, 옳은 선택이었는지 점검해 볼 시간을 갖고 싶었던 것이다. 하지만 여행에서 큰 깨달음을 얻거나 명확한 결정을 내리지는 못했다. 돌이켜 생각해 보니 그것은 당연한 일이었다. 인생의 해답은 꼭 여행이 아니어도 집에서 또는 회사에서, 장소에 상관없이 우리 자신이 주체적으로 생각하고 고민해야 해결할 수 있는 일이지, 여행 자체가 그런 고민을 해결해 줄 수는 없기 때문이다. 어쩌면 그때의 나는 내가 해야 할 고민을 여행으로 떠넘기고 싶었거나 잠시 회피하고 싶었던 것일지도 모르겠다.

피하듯 떠난 여행에서 삶의 명확한 결정을 내리지 못했지만, 대신 나를 되돌아보는 소중한 시간을 가질 수 있었다. 내가 어떤 사람인지, 어떤 성향을 지녔는지 정확하게 알 수 있게 된 것이다.

'나를 안다는 것'은 아주 간단하지만, 대부분의 사람들은 일상을 살아가면서 나보다 다른 사람에 대해 더 많이 신경쓴다. 'A는 어떤 성향이구나.', 'B는 이런 걸 싫어하는구나.', 'C는 매번 이렇게 하는구나!'와 같이 주로 타인에 대해서만 알려고 한다. 이는 상대방을 파악해서 그들이 좋아하는 사람으로 나를 보여 주고 싶기 때문이다. 하지만 이런 사고방식은 삶에서 중요한 결정을 내려야 할 때 선택을 어렵게 만든다. 정작 나를 잘 모르기 때문에 나를 위한 올바른 선택을 내리기 어려운 것이다.

그렇지만 나는 여행을 통해 내가 어떤 사람인지 알게 되었기에 앞으로 인생의 방향을 정하는 데 자신감이 생겼다. 어떤 선택의 갈림길이 주어진다고 하더라도 나에게 더 맞는 선택을 할 준비가 되어 있다. 앞으로는 여행을 통해 알게 된 '나'를 바탕으로 삶의 길을 만들어 나갈 것이다.

내가 누구인지 생각해 보고 싶다면 당장 여행을 떠나라. 단지 여행을 하고 싶어서, 또는 삶에서 올바른 결정을 내리고 싶어서, 스튜어디스가 되고 싶어서 이 책을 읽는 사람들 모두 여행을 통해 '나'에 대해 생각해 보는 계기를 갖게 된다면 좋겠다.

*CONTENTS

Boarding 어쨌든 당신이 떠나야 할 이유는 충분합니다

Gate 1 배낭여행의 첫 번째 준비물은 '무한 긍정 마인드'

Gate 2 여행의 색깔을 풍성하게 해 준 소중한 인연들

Gate 3 해외로 떠나는 이유가 충분한 '나의 미식 여행기'

*CONTENTS

Takeoff 국내와 해외를 아우르는 꼭 가봐야 할 여행지

Gate 1 혼자 떠나기 좋은 추천 여행 코스

Gate 2 직장인들을 위한 주말 활용 해외 여행지

Gate 3 여행 취향에 따라 골라 본 베스트 추천 여행지

In-flight 승무원이 들려주는 시시콜콜 여행 꿀팁

Gate 1 여행 A to Z

*CONTENTS

Gate 2 승무원 Q&A

Gate 3 승무원이 알고 싶다

Landing 전 세계 승무원들이 애정하는 핫 플레이스

Gate 1 승무원의 세컨드 백, 파우치 파헤치기

Gate 2 배낭여행 가기 전에 꼭 알아야 하는 꿀팁

Gate 3 전 세계 승무원들의 단골집 리스트

Check-in

삶에서 길을 잃었다면 여행을 추천합니다

승무원이 되어 전 세계를 돌아다녔던 경험담과
일터이자 또 하나의 여행지이기도 한 '비행기'에서
있었던 에피소드를 담았다.

Gate 1

삶의 흐름을 바꾼 특별한 여행지

시애틀의 잠 못 이루는 밤

누구나 '처음'의 기억은 강하게 남는다. 그 강렬한 기억은 삶의 방향을 정하는 데 결정적인 역할을 하기도 한다.

우리 인생에서 '처음'의 영향력이 크게 미치는 부분 중에 하나가 직업이 아닐까 싶다. 누군가는 범죄자들을 소탕하는 정의로운 경찰을 보고 경찰관을 꿈꾸고, 누군가는 아픈 환자들을 치료하는 의사를 보고 훌륭한 의료진을 꿈꾼다. 비록 꿈을 이루지 못하더라도 그런 경험들은 삶의 방향을 잡는 데 도움을 준다.

나 역시 비행기에 처음 탑승했던 경험이 인생의 방향을 정해 주었고 그 길로 나아가게 해 주었다. 나에게 스튜어디스란 직업에 대해 처음으로 생각하게 만들었던 첫 탑승기, 말 그대로 뽀시래기 시절에 탔던 첫 비행기에 관해 얘기해 보려 한다.

아직도 설레는 나의 첫 배낭여행지는 미국이었다. 20년 평생 영어를 입 밖으로 말해 본 적이 없는 내가 미국으로 떠나게 된 건, 순전히 친구의 제안 덕분이었다. 뉴욕으로 교환 학생이 예정되어 있던 나의 죽마고우가 뉴욕에서 학교생활을 시작하기 전, 3주 동안 LA 여행을 해 보지 않겠냐고 제안한 것이다. 배낭여행은 다른 사람 이야기로만 생각했던 나에게 친구의 갑작스러운 제안은 '꿈으로 머무느냐, 두렵지만 도전하느냐'의 갈림길에 선 문제였다.

처음에 들었던 생각은 두려움이었다. 언어, 치안, 길 찾기, 대중교통 등 어느 것 하나 만만한 것이 없었다. 지금이야 인터넷을 통해 정보를 쉽게 접할 수 있지만, 그때만 해도 스마트폰이 없어서 여행책 하나에 의존해야 했다. 그 모든 것이 스무 살의 나에게는 '도전'일 뿐이었다.

하지만 문득, '언젠가 벗어날 우물이라면 지금이 된다 해도 다를 것은 없잖아.'라는 생각이 들었다. 여행에 성공과 실패가 있는 것도 아니기에 도전하고 시도했다는 사실만으로도 성장하는 것이라고 생각했다. 무엇보다 내 옆에는 영어를 잘하는 든든한 친구가 있었기에 용기를 낼 수 있었다. 그렇게 개구리의 우물 탈출 날짜는 점점 다가왔다.

LA로 가는 비행기는 델타항공이었지만, 발권과 탑승 수속을 마쳤기 때문에 크게 걱정할 것이 없다고 생각했다. 그러나 입국 서류와 세관 신고서 앞에서 당황할 수밖에 없었다. 설상가상으로 친구와 좌석도 떨어져 있었던 데다 비행기와 초면인 나는 기내에서 친구에게 함부로 가면 안 되는 줄 알고 열 시간 넘게 창가 자리에서 나가지도 못했다.

하는 수 없이 승무원에게 도움을 청했다. 외국인 승무원은 손으로 여권, 탑승권 그리고 신고서를 번갈아 가리키며 나를 이해시키려고 노력했다. 그 후로 몇 번을 더 불러 수정과 확인을 반복하고 나서야 그녀는 미소와 함께 엄지손가락을 올려 보여 줬다. 영어를 못한다는 게 얼마나 답답한 일인지 뼈저리게 느꼈다. 지금까지는 어떻게든 통하겠지라는 근거 없는 자신감이 있었는데, 막상 부딪혀 보니 영어 울렁증이 생겼다.

그 후, 비행기가 착륙할 때까지 나에게 도움을 준 승무원의 행동을 눈여겨보기 시작했다. 복도를 몇 번이고 왔다 갔다 하는 모습이 힘들어 보였지만, 다양한 질문을 쏟아 내는 승객들에게 척척 대답해 주는 모습이 매우 프로페셔널해 보였다. 그때 생각했다. '하늘에서 일하는 건 어떤 기분일까?'

미국에서의 배낭여행은 한 마디로 언어와의 싸움이었다. 의지할 것이라고는 미국 중에서도 서부 편으로 나뉜 두꺼운 한국어 여행책뿐이었다. 그렇지만 책과 현실은 다른 것이 많았고, 업데이트되지 않은 정보들도 있었다. 지도에 의존해서 Street와 Avenue를 찾아가는 건 친구 대신 내가 이 여행에서 맡을 수 있는 전부였다.

영어를 써야 할 땐 친구가 나섰지만, 친구도 실전은 처음이었기 때문에 우리는 물어보고도 대답을 못 알아듣는 경우가 다반사였다. 한번은 버스를 잘못 타서 종점까지 가는 바람에 모르는 동네 버스 터미널에 내린 적도 있었다. 지도를 펴서 가야 할 호텔을 손으로 가리키니 버스 기사님이 다시 되돌아가는 방법을 알려 주었다. 그런데 어찌나 빠르고 길게 말하는지, 나는 물론이고 친구도 알아듣지 못했다. 하지만 너무나 열심히 설명하셔서 알아듣는 척 고개를 열심히 끄떡였다. 그렇게 한참을 공들여 설명해 주던 기사님께 "Thank you!"라고 자신 있게 말한 다음 정류장을 빠져나오며 친구에게 물었다.

"너 알아들었어?"

"아니, 너는?"

"나도 못 알아들었지. 근데 너 왜 고개 끄덕였어?"

"네가 끄덕여서. 알아들은 줄 알았어."

결국 그날은 가까운 지하철역까지 30분을 넘게 걸어가 간신히 숙소로 돌아갈 수 있었다. 아마 기사님은 그 터미널에서 호텔까지 바로 가는 버스를 알려 주었는데, 우리가 "Thank you!"라고 말하고는 터미널을 나가 버렸으니 황당했을 것이다.

영어 울렁증을 극복하게 해준 일생 최대의 사건

미국 배낭여행을 하면서 예상하지 못했던 문제들 때문에 당황하기도 했지만, 진짜 사건은 마지막 날 터졌다. 친구는 LA에서 바로 뉴욕으로 가야 해서 나 혼자 인천으로 돌아와야 하는 엄청난 모험이 기다리고 있었던 것이다. 혹시 공항에서부터 문제가 생길까 싶어 친구와 탑승 시간이 7시간이나 차이가 났지만, 나는 친구와 같이 공항에 가서 발권과 탑승 수속을 밟았다. 친구는 뉴욕으로 갔고, 나 혼자 게이트 앞 의자에 앉아 오랜 시간을 기다렸다. 친구가 뉴욕까지 5시간 30분 걸려 날아가는 동안 나는 LA 공항 의자에 앉아 있었던 것이다.

조마조마한 마음으로 비행기에 탑승했다. 창가 자리에 앉아 비행기 앞 좌석 주머니에 꽂혀 있던 잡지를 꺼냈다. 잡지 맨 뒷장을 보니 '비행기에서 쓰이는 간단한 영어 회화'가 있었다. 미국 여행 내내 완벽한 문장으로 된 영어로 말해 본 적이 없었던 나는 한국 땅을 밟기 전에 완벽한 문장으로 영어 한 마디 정도는 해 보고 싶다는 생각에 잡지에 실린 한 문장만 외웠다. 이윽고 음료 서비스가 시작되었다. 음료 서빙 카트가 가까워질수록 심장이 쿵쾅쿵쾅 뛰었다. 드디어 내 차례가 되자 승무원 언니가 "Would you like something to drink?" 하고 물었다. 나는 최대한 태연한 얼굴로 열심히 외웠던 한 문장을 용기 내어 말했다.

"What kind of drink do you have?"
손가락으로 원하는 음료를 가리키고 고개만 끄덕였던 내가 드디어 완벽한 문장으로 질문한 것이다. 다행히 내 말을 이해했는지 승무원 언니는 "We have coke, coffee…… if you want…….''라고 길게 대답을 이어갔다.

우습게도 길어지는 승무원 언니의 대답을 나는 한 마디도 알아듣지 못했다. 결국 나는 "sprite, please."라고 말하며 대화를 서둘러 끝냈다. 비록 대답을 알아듣지 못했지만 완벽한 영어 한 문장을 구사했다는 사실이 얼마나 뿌듯했는지 모른다. 나만의 미션까지 끝낸 다음 홀가분하게 기내식을 기다리던 그때, 갑자기 기내가 시끌시끌해졌다. 사람들이 왔다 갔다 하고 알아듣지 못하는 방송이 여러 번 나왔지만, 별일 아닐 거라고만 생각했다.

창가 자리에서 고개를 쭉 빼서 기내를 돌아보니 앞쪽에 사람들이 모여 있었고 링거를 꽂은 사람이 누워 있었다. 난리가 난 지 30분, 이륙한 지 세 시간쯤 지났을 때, 아무리 기다려도 오지 않는 기내식 때문에 앞 좌석 모니터 화면을 눌러 보다 어수선한 기내 상황의 이유를 알 수 있었다.

운항 정보를 나타내는 화면에 LA에서 출발한 비행기가 나리타 쪽으로 가다가 시애틀로 돌아가는 중이었기 때문이다. 그것도 이미 시애틀로 많이 돌아온 상태였다. 처음에는 모니터 오류라고 생각했다가, 시애틀로 가는 비행기를 잘못 탔을지도 모른다는 데 생각이 미쳤다.

옆자리 외국인에게 비행기표를 보여 주고 모니터 지도 위의 나리타를 손으로 가리키며 아는 단어를 총동원해 상황을 물었다. 그러자 외국인은 앞쪽 환자를 가리키며 시애틀로 돌아간다는 제스처를 보여 주었다. 그제야 상황 파악이 되었고, 믿을 수 없는 이 상황이 꿈이라고 믿고 싶어졌다.

비행기는 시애틀 공항에 착륙했다. 대한민국 외교부에서 보내 준 미국 입국과 시애틀에 대한 정보를 문자로 받고 나서야 실감이 났다. 사실 내가 당황한 또 다른 이유는 비행기에 타고 있던 외국 승객들이 그런 상황에서도 전혀 동요되지 않고 담담했다는 점이다. 마치 원래 목적지가 시애틀이라도 되는 듯 너무도 태연했다. 하지만 나는 이대로 국제 미아가 될 수도 있다는 최악의 상황까지 상상해 버렸다. 도움을 청할 방법을 몰라 비행기에서 국제 전화로 부모님께 전화했지만, 부모님도 방법을 모르긴 마찬가지였다. 외국 항공기인 데다가 나리타 공항 경유 노선이어서 승객의 90퍼센트 이상이 서양인이었다.

앞사람만 졸졸 따라가던 나는 한국인처럼 보이는 여자를 발견했다. 일본 사람일 수도 있지만 제발 한국인이 맞기를 기도하며 조심스럽게 말을 건넸다.
"실례합니다, 혹시 한국 분이신가요?"
"네? 맞는데요."

다행히 유창하게 영어를 구사하는 유학생으로 학기가 끝나 한국으로 돌아가는 길이었다.
"죄송하지만 제가 비행기도 처음 타고 영어도 못하는데 예상치 못한 일이 생겨서요. 괜찮으시다면 저 좀 도와주실 수 있나요?"
"아, 네! 물론이죠!"

그녀는 항공사 직원에게 들은 정보를 모두 알려 주었다. 항공사 측은 해당 항공기 승객들에게 다음 날 나리타로 출발하는 항공권 티켓과 시애틀 공항 근처 호텔 숙박권, 소정의 저녁 식사 쿠폰을 제공해 주었다. 호텔은 2인 1실이어서 그녀와 나는 같은 방을 쓰게 되었다.

'시애틀의 잠 못 이루는 밤'. 나는 침대에 누워 문득 영화 제목이 떠올랐다. 가 보고 싶다는 생각을 해 본 적도 없던 도시인 시애틀에 갑작스럽게 오게 됐고, 이제 시애틀은 잊지 못할 곳이 되었다. 시애틀에서 잠 못 이루는 밤을 보내고 아침에 공항으로 향하던 길, 한껏 긴장해서인지 비

시애틀에서 일본으로 가는 비행기 안에서

행기 냄새, 승무원의 미소, 기장의 방송, 낯설고 한적한 시애틀의 풍경이 하나씩 머릿속에 각인되었다.

다음 날 나는 인천에 무사히 도착했다. 승무원으로 근무하는 동안 응급환자가 발생하여 다른 공항에 비상 착륙했던 적은 한 번도 없었던 것을 보면 그 날의 일은 매우 특별한 사건이었다. 그리고 결론적으로, 내 영어 울렁증을 극복하게 해 준 사건이기도 했다.

Tip

추천! 시애틀 여행 일정

워싱턴 대학교, 스페이스 니들, 파이크 플레이스 마켓,
스타벅스 1호점, 스타벅스 리저브 로스터리, 케리파크 야경

행복을 부르는 마법의 주문, "알 이즈 웰(All Is Well)."

알 이즈 웰은 "All is well."의 인도식 발음이다. 내가 이 말을 알게 된 것은 인도 영화에서다. 인도 영화는 처음엔 낯설지만 한 번 빠지면 헤어 나오기 힘든 매력이 있다. 특히 내가 인도 배낭여행을 갔을 때 개봉했던 영화 〈3 Idiots(세 얼간이)〉는 세 명의 인도 대학생들의 우정을 담아내 전 세계적으로 큰 성공을 거두었다.

인도는 13억이 넘는 인구로, 세계에서 두 번째로 인구가 많다. 인구가 많은 만큼 종교와 문화도 다양해서 한 번의 여행으로 인도를 완전히 이해하기란 어렵다. 인도 여행을 다녀온 사람들을 보면 '극호' 또는 '극불'로 취향이 뚜렷하게 갈린다. 이 때문에 인도는 내 인생에서 추억을 가장 많이 남겼던 여행지지만, 쉽사리 다른 사람에게 추천하기 어려운 곳이기도 하다.

치안으로 인도 여행을 고민 중이라면 여자 혼자 가는 것은 피하라고 말하고 싶다. 다만 인도뿐 아니라 어느 곳에서나 위험한 행동들만 조심한다면(예를 들어 술에 취하거나 밤늦게 돌아다니는 행동 등) 인생 터닝 포인트의 경험을 인도에서 하고 올 것임은 분명하다.

선뜻 여행으로 가기 어려운 인도라는 곳에 갈 수 있었던 이유는 두 명의 대학 친구들 덕분이다. 신입생 OT에 참석하지 않은 우리 셋은 대학교 입학식 날, OT에서 이미 친해진 아이들과 떨어져 운명처럼 친해진 '아싸'들의 모임이라 할 수 있다.

대학교 1학년 2학기 때 〈3 Idiots〉를 본 우리는 갑작스레 인도 여행의 꿈을 갖게 되었다. 미국 여행으로 여행에 맛을 들인 나는 당장 다음 학기에 그 계획을 실현하기 위해 계약서를 작성했다. 게으른 우리 셋을 보아하니 강력한 조치가 없다면 말로만 끝날 가능성이 크다고 생각했기 때문이다.

'다음 학기에 인도 배낭여행을 가지 않을 시, 매주 1회 학교 앞 식당에서 다른 두 친구들에게 식사를 제공한다.'

'다음 학기에 인도 배낭여행을 가지 않을 시, 다른 두 친구들에게 시세 50만 원어치의 의류를 선물로 제공한다.'

유치하기 짝이 없었지만, 각자의 사인까지 담긴 명백한 계약서였다. 계약의 효과는 대단했다. 벌칙을 받지 않기 위해 구체적인 실행 방법을 생각했기 때문이다. 마침 그때 주제를 정해서 외국의 기업이나 기관을 탐방하고 보고서를 제출하는 '글로벌 챌린지'라는 프로그램이 있었다.

관광학과에 재학 중이던 우리는 노라조의 〈카레〉라는 음악에서 아이디어를 얻었다. 인스턴트 카레들이 한국 시장을 장악하고 있지만, 인도와 네팔을 다녀온 여행객들이 급증하면서 현지의 맛을 그대로 살린 레스토랑들이 막 선풍적인 인기를 끌기 시작하던 때였다. 따라서 인도 현지에서 가장 유명한 인스턴트 카레 기업을 찾아가 시중에 판매되고 있는 상품의 다양성과 해외로의 수출, 한국으로의 수출 가능성 등에 관해서 얘기를 나누고 노라조의 〈카레〉를 이용한 마케팅을 기획해 보는 것을 주제로 정했다.

힘든 만큼 자유롭고 힐링이 되었던 곳, 인도

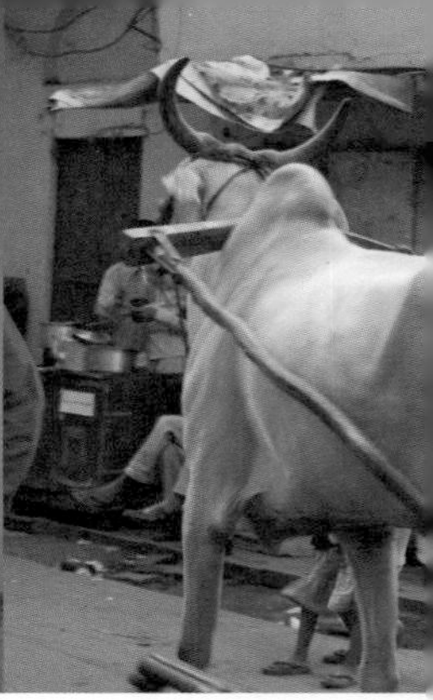

인도 길거리에서 소를 흔하게 볼 수

여행 전에 기업을 조사하고 미팅을 잡고 보고서를 작성하는 등 준비할 부분이 많았지만, 주제가 명확했기에 준비도 완벽하게 할 수 있었다. 다행히 면접까지 통과해 소정의 여행비를 지원받았고 나머지 금액은 아르바이트로 충당했다.

더는 완벽하게 준비할 수 없을 것 같은 인도 여행이라 생각하며 호기롭게 떠났던 우리는 하루 만에 인도에서 진정한 '세 얼간이'가 되었다. 인도는 우리가 생각했던 것보다 호락호락한 곳이 아니었다. 지금껏 살면서 갖게 된 관념, 상식, 개념을 송두리째 뒤흔들어 버린 곳이 인도였다. 사전에 조사한 것들이 무색할 만큼 계획대로 흘러가지 않았다. 그럴 때마다 주문처럼 했던 말이 "알 이즈 웰."이었다. 이상하게도 10킬로그램이 넘는 배낭을 메고 돌아다니느라 지치고 짜증이 날 법도 한데, "알 이즈 웰."이라고 말하면 웃음이 터져 나왔다. 영화에서처럼 '알 이즈 웰'은 마법의 주문 그 자체였다.

귀국 날짜가 다가올수록 우리의 모습은 현지인처럼 변해 갔다. 시장에서 산 화려한 무늬의 냉장고 옷으로 상의와 하의를 맞춰 입고, 손가락부터 시작된 헤나는 팔 한쪽을 뒤덮었다. 나에겐 난생처음 해 보는 파

갠지스강은 인도 사람들이 가장 신성시하는 곳이다

격적인 스타일 변신이었다. 겉모습뿐 아니라 행동도 조금씩 변했다. 상상을 초월하는 다양한 사람들이 모여 있는 인도에서는 다른 사람의 시선에 신경 쓸 필요 없이 자유롭게 행동할 수 있기 때문이다. 걷다가 다리가 아프면 아무 곳이나 앉아 쉬었다 갔고, 우연히 만났던 한국 남자들은 이상한 모양으로 수염을 기르고 있었다. 무거운 잼베를 몇 날 며칠 메고 다니기도 했으며, 갠지스강에서 인도 사람들과 요가도 했다.

인도 여행 중 거의 모든 것이 계획대로 흘러가지 않았지만, 가장 속상했던 것은 타지마할을 보지 못한 것이다. 기차가 연착한 탓에 아그라에 늦게 도착한 우리는 다음 날 타지마할을 보기로 했는데 하필이면 다음 날이 휴관이었다. 매주 금요일이 휴관일이라는 것을 뒤늦게 알고 황급히 *릭샤를 타고 타지마할로 향했으나 이미 시간이 늦어 들어갈 수 없었다. 설상가상으로 조리를 신고 있던 나는 길거리에서 큼지막한 소똥을 제대로 밟아 버렸다. 타는 속을 아는지 모르는지 옆에 지나가던 인도 청년들이 깔깔거리며 웃었다. 물갈이로 배탈이 나 예민해진 나는 상심한 친구들을 보니 지금이야말로 "알 이즈 웰."이 가장 절실한 타이

*릭샤: 인도의 대표 교통수단. 오토바이를 개조한 택시의 형태

밍이라는 생각이 들었다.

"알 이즈 웰!"

뜬금없이 외친 한마디와 함께 나는 친구들 앞에서 영화 속 댄스 장면을 따라 하기 시작했다. 한국에서라면 상상도 못했을 길거리 춤사위였지만 의식의 흐름대로 자유롭게 여행했던 인도라 가능했다. 웃음이 터진 친구들은 소똥을 밟고 "알 이즈 웰."을 외치는 나를 따라 같이 영화 속 세 얼간이가 되어 춤을 추었다. 나를 비웃으며 깔깔거렸던 젊은이들은 갑자기 춤을 추는 우리가 신기했는지 그들도 "알 이즈 웰."을 외치며 같이 춤을 추기 시작했다. 참으로 이상한 상황이었다. 5분 전까지만 해도 낙심했던 우리들이 현지인들과 굳게 닫힌 타지마할 앞에서 '알 이즈 웰'로 하나가 되어 흥겹게 춤을 추고 있었다. 마치 꿈을 꾸듯, 진짜 영화 속 한 장면으로 들어온 기분이었다. 지금까지도 잊지 못할, 생애에서 가장 재미있는 순간이었다.

아쉽지만 금요일에는 타지마할이 잘 보이는 곳에서 식사했고, 뒤쪽을 볼 수 있는 전망대에 가 보는 것으로 만족해야 했다. 내 인생에서 인도를 다시 찾게 될 것 같지 않아서 멀리서 바라보는 타지마할이 더욱 아쉽게 느껴졌다.

하지만 6년 후 기적처럼 타지마할에 다시 갈 수 있게 되었다. 다시 찾은 아그라는 길거리에 소똥도 없었고 많은 것이 변해 있었지만 멀리서 봤던 타지마할의 아름다움은 그대로였다. 과거의 아쉬운 마음까지 담아 다른 사람들보다 몇 배는 떨리는 마음으로 타지마할에 들어갔다.

새하얀 대리석으로 빛나는 이슬람 예술의 걸작인 타지마할은 상상 그 이상이었다. 길게 쭉 뻗은 긴 수로에 비친 타지마할을 감상하며 아름다운 정원을 지나면 타지마할을 가까이에서 볼 수 있다. 타지마할의 내부와 외부 벽면에 새겨진 정교한 무늬들을 보면 감탄이 절로 나온다. 누구든지 아름다움을 인정할 수밖에 없는 건축물, 그것이 바로 타지마할이다. 지금 당장 나쁜 일이라 할지라도 미래에 어떤 결과로 바뀔지는 아무도 모른다. 그렇기에 어떤 순간에도 "알 이즈 웰."이라 말하며 긍정적으로 생각하려 한다.

이후 나는 한국으로 돌아와서도 시험을 보거나 면접을 보는 것과 같은 중요한 순간마다 "알 이즈 웰."을 되뇌었다. 그러면 걱정과 불안으로 빠르게 뛰던 내 심장에 숨통이 트이면서 인도에서 10킬로그램이 넘는 배낭을 메고 소 옆을 지나가던 꼬질꼬질한 내 모습이 떠올랐다. 혹시 지금 남모르는 걱정으로 속앓이를 하고 있다면 오른손을 왼쪽 심장 위에 살포시 올리고 크게 소리 내서 "알 이즈 웰."이라고 말해 보는 것은 어떨까?

다시 찾은 인도에서 만난 타지마할

인도의 속살을 만날 수 있는 곳, 인도 기차 탑승기

나는 새로운 음식에 도전하는 데 거부감이 없다. 그렇지만 인도에서는 소위 '물갈이'라고 하는 증상으로 여행 내내 배탈이 났다.

인도 여행을 할 때 도시 간 이동은 주로 기차나 버스를 이용한다. 장거리 이동이 많다 보니 여섯 시간 이상 이동은 기본이고 야간 기차나 야간 버스를 이용하는 경우도 많다. 기차는 기약 없는 연착이 일상이고, 도로 사정이 좋지 않아 버스는 예상 도착 시각을 훨씬 넘는 경우가 다반사다. 버스로 장거리 이동을 할 경우는 배탈에 더욱 조심해야 한다. 휴게소라는 것이 정확히 없는 비포장도로를 끊임없이 달리는 와중에 배탈까지 난다면 그야말로 비상 상황이 아닐 수 없다. 버스 기사님도 용변이 급할 땐 버스를 세우고 멀리 다녀오는 방식으로 해결하곤 했는데, 여자들은 차를 세워도 해결할 곳이 마땅치 않다. 상점이나 공공시설이 보이면 다행이지만, 상황이 여의치 않을 땐 참는 수밖에 없다.

야간 기차 화장실도 그렇게 상황이 좋지는 않다. 인도의 기차 화장실은 밑이 뻥 뚫려 있어 운행 중인 기차선로 바닥이 보인다. 그야말로 달리는 선로 위에 용변을 보는 셈이다. 배탈이라도 나는 날에는 흔들리는 기차 화장실에서 중심을 잡아야 하는데, 여간 힘든 일이 아니다.

그 날은 밤새 기차로 먼 거리를 이동해야 하는 날이었다. 예상 시간보다 얼마나 늦게 도착할지 가늠이 되지 않아 그나마 배탈로부터 가장 안전한 바나나를 한가득 사서 기차에 몸을 실었다. 나는 우리 셋의 저녁과 아침을 책임질 바나나 한 묶음을 통째로 들고 창가 쪽에 앉아 있었다. 10분째 연착되고 있던 기차는 다행히도 천천히 출발하기 시작했다. 피곤함에 잠시 바나나를 품에 안고 창가에 기대 눈을 감는 순간 열 송이가 넘는 바나나 묶음이 순식간에 품에서 빠져나갔다. 깜짝 놀라 눈을 떠 보니 자기 몸보다 큰 바나나 묶음을 통째로 들고 도망가는 원숭이가 보였다. 도대체 어떻게 그 좁은 창살 사이로 바나나 묶음을 통째로 가지고 나갔는지 알 길이 없었다. 짐작건대 이 원숭이는 한두 번 해 본 솜씨가 아닌 아주 능숙한 프로 바나나 도둑이다. 황당한 상황에 어처구니가 없었지만 정신을 차려 보니 그 원숭이는 새빨간 엉덩이를 씰룩대며 이미 저 멀리 도망친 뒤였다. 그 날의 원숭이는 프로였고 증거 하나 없이 완전 범죄에 성공했다.

인도에서 보낸 3주, 고정관념을 깨기에 충분한 시간

인도인들은 도시를 이동할 때 기차를 주로 이용하기 때문에 기차를 타면 그들의 진짜 삶 속에 들어와 있는 듯한 기분이 든다.

야간 기차를 탈 때면 나는 누워서 갈 수 있는 침대칸을 예약했다. 침대칸은 총 3단으로 되어 딱 한 명이 누울 정도의 판자가 겹겹이 매달려 있다. 문은 따로 없다. 해가 지기 전에는 2층과 3층 판자를 벽으로 접어 1층 판자

비좁고 불편하고 연착도 많은 인도 기차. 좁은 만큼 서로가 가까워지는 걸까?

에 앉아서 간다. 원래는 침대를 예약한 세 명만 앉아서 가는 것이 맞는데, 어찌된 일인지 매번 모든 사람들이 다 같이 앉아서 가곤 한다. 밤이 되어 침대를 펼 때가 되면 알아서 다른 곳으로 가 주었지만, 그 전에는 여덟 명 정도가 한 판자에 다닥다닥 붙어서 간다.

하루는 크로스로 가방을 멘 채, 창밖의 경치를 바라보고 있는데 가방이 움직이는 느낌이 들었다. 화들짝 놀라 보니 옆자리에 앉아 있던 사람이 너무도 태연하게 내 가방을 열고 있는 거였다. 내가 두 눈을 부릅뜨고 쳐다보는 중에도 도둑질을 멈추지 않았다. 보다 못한 내가 "지금 뭐 하는 거예요?"라고 말하며 가방을 낚아챘다. 그제야 가방 지퍼를 열던 손을 멈춘 도둑이 나에게 한 말은 더 가관이었다.
"이 물건은 오늘 내 물건이 될 운명이 아닌가 보다. 만약 내 것이었다면 오늘 내가 가져갈 수 있었겠지! 오늘은 네가 갖고 있을 운명인가 보다."

억지스러운 운명론에 할 말을 잃고 말았다. 더 따져 물을 수 없었던 것은 그 사람의 말에서 자신의 행동에 대한 신념과 믿음이 묻어났기 때문이다. 누군가는 나와 전혀 다르게 생각할 수 있다는 사실을 깨닫게 해 준 사건이었다.

상대적으로 비슷한 가치관을 갖고 있는 사람들이 모인 사회의 구성원으로 살아온 나에게 인도에서 보낸 3주라는 기간은 기존의 고정관념들이 송두리째 깨진 시간이었다. 여행하지 않았다면 나에게 고정관념이 있다는 것조차 모르고 살았을 것이다. 내 가방을 훔치려고 했던 그 남자의 신념에 동의하는 것은 아니지만, 나와 다른 생각을 가진 사람들이 많기에 모든 사람에게 항상 좋은 사람이 될 수 없다는 것을 깨달았다. 인도에서 겪었던 일들은 살아가면서 소중한 경험이 되어 주었다.

인도의 국민 차, 짜이 한잔 하실래요?

인도에서 장거리 기차 여행을 하는 것은 힘들지만, 그 나름의 운치와 매력이 있다. 기차 창문은 유리 없이 창살로만 되어 있어 바깥의 공기가 그대로 느껴진다. 기차를 타고 가면서 이름 모를 인도의 시골 마을들을 많이 지나쳤는데, 평화롭고 잔잔한 풍경들과 상쾌한 시골 공기가 기차 창문 틈 사이로 들어와 볼을 스치는 순간에는 나의 모든 감각을 일깨웠다. 아이들의 손을 잡고 기차가 지나가기를 기다리는 아낙네의 모습, 기차선로 근처에서 *크리켓을 하고 노는 아이들의 모습, 노랗게 익은 벼들이 끝없이 펼쳐진 논밭 풍경 등은 아직도 기억이 생생하다.

***크리켓:** 야구와 비슷한 룰을 가진 인도에서 인기가 많은 스포츠

밤이 되면 판자를 내려 3단으로 만든 다음 각자 침낭 속에 들어가 잠을 청한다. 기온 차가 많이 나는 사막 지역을 지날 때면 침낭 속에 있어도 꽁꽁 얼어 버린 몸으로 아침을 맞이할 수밖에 없다. 밖에서 야외 취침을 한 듯 무거운 몸과 퉁퉁 부은 눈이 천근만근 무겁게 느껴질 때면 새벽부터 기차 칸을 돌아다니며 승객들의 알람이 되는 사람이 있다.

"짜이! 짜이!"

인도 국민 차 짜이 장사꾼이다. 아무리 무거웠던 몸도 그 소리를 들으면 알람 소리를 들은 듯 눈이 떠진다. 밤새 추위에 떨며 잠을 청했던 우리는 짜이 한 잔을 사서 셋이 나눠 먹었다. 뜨거운 짜이가 들어 있는 컵을 두 손으로 잡고 후후 불면서 마시면 얼었던 관절 하나하나가 녹아내리는 기분이 든다. 그 날 우리가 먹었던 짜이 한 잔은 인도 그 자체였다.

도시가 주는 감동, 인도 바이브

인도의 도시들은 저마다 개성이 뚜렷하다. 처음 델리에 도착했을 때 우리를 맞이한 것은 갖가지 소음이었다. 차들의 경적 소리와 사람들의 소음이 합쳐진 데다 소들까지 거리를 점령하고 있어서 정신이 하나도 없었다. *릭샤꾼들과의 반복되는 흥정에 에너지가 모두 소진되었을 때쯤 우리는 사막이 있는 도시 자이살메르로 이동했다. 기차가 델리를 벗어나자 귓가를 때리던 경적이 잦아들고 고요한 정적이 찾아들었다. 그 고요함은 기차 안의 사람들까지 차분하게 만들어 버리는 듯, 기차 안에도 고요함이 퍼졌다. 아침에 눈을 떠 보니 침낭 위로 고운 모래들이 쌓여 있었다. 자이살메르에 거의 도착했다는 뜻이었다.

*릭샤꾼:
릭샤를 운전하는 운전사. 미터기가 없어 목적지를 말한 후 흥정해야 한다.

자이살메르는 사막 투어로 유명한 도시다. 이곳에서 2박 3일 동안 머물며 1박 2일의 사막 투어를 신청했다. 사막 투어는 낙타를 타면서 시작된다. 멀리서 보기엔 작아 보이지만 낙타 등에 올라타면 공포가 느껴진다. 낙타의 이름을 불러 주며 친밀감을 형성할 때쯤이면 천천히 사막 한가운데로 향한다. 사막 가운데로 갈수록 고운 모래 입자가 바람에 날려 기관지와 전자기기 틈새로 파고든다. 모래 때문에 전자기기가 고장 날 수 있으니 조심해야 한다. 하늘을 나는 양탄자나 오아시스, 어딘가에 화려한 궁전이 있을 것만 같았는데 끝없이 펼쳐진 모래사막은 우주보다 더 무서운 공간이었다.

어느덧 주위에 모래밖에 보이지 않는 사막 한가운데에 도착해 베이스캠프를 차렸다. 저녁을 먹기 전, 모래 썰매를 타고 모래 언덕에서 달리

인도 사막에 오아시스는 없었지만, 내 마음속에 마르지 않는 오아시스가 하나 생겨났다

기를 하며 시간을 보냈다. 혹시나 싶어 화장실이 어디 있냐고 물었지만, 가이드의 대답은 "Anywhere!"였다.

밤이 되자 펄펄 끓었던 사막의 기온이 급속도로 떨어지기 시작했다. 가지고 온 옷을 모두 꺼내 꽁꽁 싸매도 추위가 가시지 않자 저녁을 먹고 모닥불 옆에 다 같이 모여 앉았다. 그러다 문득 한 사람이 하늘을 올려다보고 "우와!" 하며 탄성을 내뱉었다. 모두 하늘을 올려다보니 별들이 금방이라도 쏟아질 듯 온 밤하늘을 뒤덮고 있었다. 담요를 두르고 가방을 베고 누워 머리만 옹기종기 내놓은 채 별들을 감상했다.

그때 누군가가 김광석 노래를 틀었다. 쏟아지는 별들을 바라보며 자이살메르의 사막에서 김광석의 「너무 아픈 사랑은 사랑이 아니었음을」을 들으며 어느샌가 잠이 들었다. 그때 감성이 넘쳐흘렀던 낭만적인 20대 여행자들이 지금은 아이 아빠가 되었거나 평범한 직장인이 되어 살아가고 있을 것이다. 지금의 나처럼 그들도 그때의 추억을 가끔 꺼내 보며 미소 지으면서…….

독특한 분위기의 블루 시티 '조드푸르'

인도에서 자이살메르만큼이나 기억에 남는 도시는 조드푸르다. 인도에 관한 영화 중에 유명한 한국 영화가 있는데,「김종욱 찾기」다. 조드푸르를 다녀오고 나서야 그 아름다움에 반해 다시 영화를 찾아 보았다.「다크 나이트 라이즈」에서 배트맨이 탈출하는 감옥의 촬영지 역시 조드푸르다.

많은 영화들이 촬영지로 이곳을 선택하는 이유는 마을 전체가 독특한 분위기의 블루 시티이기 때문이다. 도시 위쪽에는 엄청난 크기의 메헤랑가르성이 있는데, 이 성에서 내려다보면 마을 전체가 푸른색으로 보인다. 조드푸르가 블루 시티가 된 이유는 여러 가지 설이 있는데, 그중 하나는 카스트 계급 중 지배 계급에 해당하는 브라만 계급이 다른 계급과 차별을 두기 위해 칠했다는 것이다. 아름답다고만 생각했는데, 차별과 억압받고 있는 인도의 어두운 이면을 엿보게 될 줄이야…….

떠도는 공기조차 파랗게 느껴지는 그곳, 인도의 블루 시티

조드푸르를 방문했던 날 엄청난 비가 우리를 반겼다. 파랗게 칠한 담벼락이 비에 젖으면 짙은 파란색으로 변해 색이 한층 진하게 보인다. 가까이서 보면 담벼락의 파란색 페인트는 색이 벗겨진 곳도 있고 연하거나 진한 곳도 있으며 오염된 곳도 있어서, 같은 파란색으로 칠해진 곳이 없는 조드푸르의 모습이 더욱 신비스러운 분위기를 연출한다. 세월과 흔적이 담긴 파란 도시에 머무는 동안 비는 끊임없이 내렸다.

승무원이 된 뒤 6년 만에 가본 인도는 많이 변해 있었다. 아스팔트 도로가 깨끗하게 깔려 있었고, 매캐한 미세먼지로 서울 하늘이 그리울 정도였다. 델리 거리를 누볐던 그 많던 소들은 다 어디로 갔을까.

Tip

추천! 인도 여행 일정

***델리—자이살메르—조드푸르—자이푸르—아그라—바라나시—뉴델리**

일명 '골든 트라이앵글 루트'라고 불리는 추천 코스다. 시간 여유가 있다면 남인도(뭄바이, 고아 등)의 아름다운 해변에서 여유를 즐기는 것도 좋다.

· 델리, 뉴델리 : 레드포트, 델리대학교, 빠하르간지, 잔타르 만타르

· 자이살메르 : 1박 2일 사막 투어, 자이살메르성

· 조드푸르 : 메헤랑가르 요새, 블루 시티 둘러보기

· 자이푸르 : 암베르성, 바람의 궁전, 시티 팰리스, 나하르가트 포트에서 일몰

· 아그라 : 타지마할, 아그라성

· 바라나시 : 갠지스강 일출

불현듯 뜻밖의 감동을 허락하는 나라, 필리핀

필리핀으로 교환 학생을 다녀온 적이 있다. 연중 더운 날씨만 계속되는 필리핀의 계절을 현지인들은 'Hot', 'Hotter', 'Hottest'라고 말한다. 유난히 더위를 많이 타는 체질인 나는 필리핀 생활을 힘겹게 이어 갔다. 그러던 어느 날, 주말과 필리핀 휴일이 겹쳐 긴 휴일을 갖게 되어 친구와 함께 바기오와 사가다에 가기로 했다.

수업을 마치고 마닐라에서 야간 버스를 타고 여덟 시간을 달린 끝에 도착한 곳, 바기오. 버스에서 내리자 한기가 온몸에 느껴질 정도로 시원했다.

사가다는 바기오에서 버스로 다섯 시간이나 가야 한다. 바기오도 산 위에 있지만 사가다는 그보다 훨씬 높은 고도에 위치한 작은 시골 마을이다. 버스로 가는 길은 낭떠러지를 바로 옆에 두고 아슬아슬하게 산비탈을 올라가는 코스다. 무심코 버스 창밖을 내다보면 땅이 보이지 않을 만큼 높은 절벽에 매달린 것 같아 온몸의 털이 곤두선다. 해발 약 1,600미터의 고산 지대에 위치한 사가다에 가려면 계단식 논을 지나가는데, 그 풍경 또한 평생 잊지 못할 만큼 장관을 이룬다.

많은 관광객들이 사가다를 찾는 이유는 그곳에 동굴이 있기 때문이다. 사가다에는 베테랑 현지 가이드와 함께 자연 그대로의 동굴을 탐험할 수 있는 투어 상품이 있다. 깊고 험한 동굴이어서 현지 가이드를 꼭 동반해야 출입이 가능하다. 사가다 마을에 도착해 조용한 시골 마을을 한 바퀴 둘러보고 호기롭게 동굴 탐험에 나섰다.

동굴 입구에 세워져 있거나 쌓여 있는 관들은 등골이 서늘할 만큼 으스스한 분위기를 풍긴다. 가이드 말로는 사가다에는 예부터 사람이 죽으면 그 관을 동굴이나 절벽에 매다는 관습이 있다고 한다. 그렇게 함으로써 그들은 자연으로부터 가족과 가축을 보호할 수 있다고 믿었다.

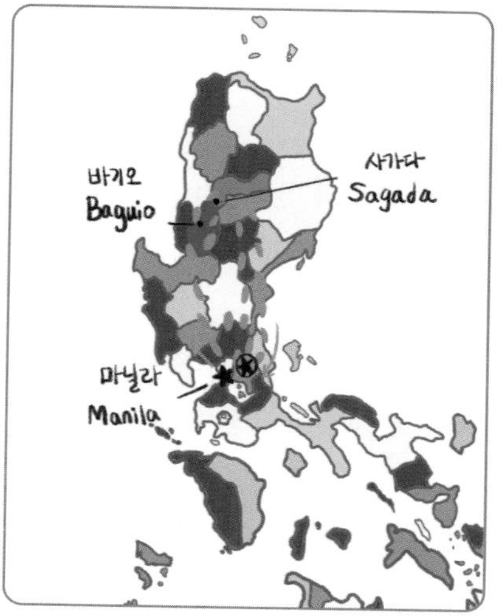

동굴에서는 가이드가 가지고 있는 램프 빛 하나에만 의존해야 했다. 잠시라도 램프가 가려지거나 불이 꺼지면 한 치 앞도 안 보이는, 그야말로 깜깜한 어둠에 잠겨 버렸다. 동굴에는 길이 없었다. 몸에 줄을 연결해 천장에 있는 구멍까지 기어 올라가거나 물을 헤엄쳐 이동해야 했다. 바닥이 미끄러워서 살짝만 삐끗해도 끝이 보이지 않는 밑으로 떨어질 것 같았다. 바닥이 미끄러운 이유는 박쥐 배설물 때문이라고 하는데, 박쥐를 실제로 본 것은 그때가 처음이었다.

온몸이 긴장된 상태로 중간 정도 왔을 때, 가이드가 얕은 물 위에서 사진을 찍어 주겠다고 했다. 석순을 배경으로 사진을 찍으려 하는데 앞쪽에 작은 돌이 시야에 들어왔다. 그 돌에 앉아서 석순을 배경으로 찍으면 사진이 더 잘 나올 것 같다는 생각에 가까이 가던 순간 온몸에 소름이 돋았다. 알고 보니, 내가 봤던 작은 돌은 아주 깊게 파인 구멍이었다. 너무도 깊어서 블랙홀처럼 검은색을 띠고 있었기에 돌이라고 착각한 것이다. 하마터면 어디로 이어질지도 모르는 깊은 구멍으로 떨어질 뻔했다는 생각에 머릿속이 하얘졌다. 세 시간이 어찌나 길게 느껴지던지 밖으로 통하는 햇빛을 다시 볼 수만 있다면 좋겠다는 생각뿐이었다.

몇 번의 머리털이 곤두서는 순간을 지나고 나서야 동굴 밖에서 쏟아져 들어오는 빛을 볼 수 있었다. 나와 친구는 얼싸안고 기뻐하며 죽다 살아난 것처럼 좋아했다. 시간을 보니 오후 네 시가 채 되지 않았지만 긴 하루를 보낸 터라 우리는 배가 고픈 것도 잊고 숙소로 돌아가 쓰러지다시피 잠이 들었다.

다음 날, 마닐라까지 가기 위해서는 새벽 다섯 시에 사가다에서 출발하는 첫 버스를 타고 바기오로 이동해야 했다. 전날 동굴 투어를 하며 긴장을 한 탓인지 온몸이 두들겨 맞은 것처럼 아팠지만 간신히 일어나 주섬주섬 짐만 챙겨서 나왔다. 숙소에서 나오자 시골 마을은 빛 하나 없이 깜깜했다. 잠이 덜 깬 눈으로 기지개를 켜며 고개가 하늘로 향한 순간 쏟아지는 감동에 할 말을 잃고 말았다.

환상적인 종유석과 석순이 많다. 한시도 긴장을 늦출 수 없는 곳이기에 스릴 또한 넘쳐난다

"와!"

친구 역시 나와 똑같은 탄성을 내뱉었다. 새까만 먹지 위에 아주 작고 빛나는 모래알을 뿌려 놓은 것 같았다. 반짝이는 모래알의 빛이 너무 많아 먹지의 까만 부분이 보이지 않을 정도였다. 그동안 잊고 있었는데, 하늘에는 그렇게 많은 별들이 있었던 것이다.

다시는 볼 수 없을 황홀한 밤하늘을 뒤로하며 버스에 올라탔다. 올라올 때보다 몇 배는 더 위험해 보이는 산길을 따라 굽이굽이 내려갔다. 얼마쯤 내려갔을까, 저 멀리 이제 막 떠오르는 태양이 완전한 어둠 속에 있던 버스의 앞길을 비추었다. 버스가 내려가는 절벽 아래 아득한 곳까지 햇빛이 닿기 시작하자 버스 밑의 온 세상은 불에 타는 것처럼 빨갛게 변했다. 이윽고 떠오르는 햇빛은 눈앞에 펼쳐진 끝없는 계단식 논들을 층층이 붉게 물들였다.

Tip

추천! 필리핀 마닐라 및 근교 여행 일정

***마닐라—바기오—사가다—마닐라**

· 마닐라 : 시티투어(리잘 공원, 인트라무로스, 성 어거스틴 성당), MOA, 씨푸드 마켓, 마닐라 베이, 말라떼, 그린벨트, 마카티, 근교 투어(팍상한 폭포, 따가이따이, 히든밸리, 88온천)

· 바기오 : 마인스뷰, SM mall

· 사가다 : 동굴 투어

Gate 2

여행을 좋아하던 소녀, 꿈을 이루다

내 생애 최고의 여행 메이트

“승무원이면 여기저기 여행을 많이 다녀서 좋겠어요!”

승무원이 되고 나서 이런 말을 많이 듣는다. 이 질문에 대답하자면 반은 맞고 반은 틀리다. 나 역시 승무원이 되면 그럴 줄 알았다. 하지만 현실은 조금 달랐다. 세계 곳곳으로 비행을 하는 일이 직업이지만, 어디까지나 일이기 때문에 완전한 여행이라 할 수 없다.

승무원 일을 하는 것은 여행과는 완전히 다르다. 업무에 지장이 가는 일정은 피해야 한다. 그래서 나는 승무원의 최고 장점이라 할 수 있는 저렴한 항공권으로 휴일에 여행을 많이 다녔다. 비행이 끝난 다음 체력적으로 많이 지친 상태에서 바로 떠나는 것이 힘들었지만, 오직 여행하고 싶다는 마음으로 그렇게 했다.

이런 내 여행 계획에 기꺼이 동참해 주는 여행 메이트가 있는데 바로 엄마다. 갑작스러운 스케줄 변동으로 못 가는 날도 있지만, 그런 변수조차 이해해 주는 엄마가 있기에 많은 여행을 다닐 수 있었다. 여느 모녀가 그렇듯 여행지에서 다툰 적도 많다. 그러나 여행을 거듭할수록 눈빛만 봐도 서로의 마음을 파악할 수 있는 최고의 여행 메이트가 되었다.

엄마와 함께 가 봤던 곳 중에 가장 좋았던 여행지는 팔라우다. 팔라우는 다이버들 사이에서 '다이빙의 성지', '신들의 정원'이라 불린다. 그만큼 천혜의 자연 경관이 펼쳐진 아름다운 곳이다. 이 세상 말로 표현할 수 없는 천국이라 해도 손색이 없다. 팔라우에 대한 사전 정보가 부족한 탓에 우리는 여행 기간 내내 수영과 스노클링으로 일정을 잡았다. 나중에 알았지만, 팔라우에서는 다이빙을 해야 팔라우의 매력을 더 잘 느낄 수 있다고 한다. 팔라우에 갈 기회가 있다면 스쿠버 다이빙 자격증을 따고 오는 것도 추천한다.

엄마와 나는 팔라우에 머무는 4일 내내 보트를 타고 바다로 나가서 수영하고 물고기들을 구경했다. 포인트마다 매번 다른 아름다움을 느낄 수 있어서 자연에 대한 경외심까지 생기게 만든다.

세 번째 날, 지금까지와는 비교도 할 수 없는 하이라이트 포인트가 있다는 말에 기대를 하고 바다로 나갔다. 가이드가 주의 사항을 설명해 주기를, 유명한 곳은 모터보트들이 많이 와서 엔진을 켜 놓고 있기 때문에 위험하다고 했다. 스노클링을 하면 바닷속을 구경하느라 자신이 어디로 가고 있는 줄도 모르게 되므로 가끔 고개를 들어 자신의 위치를 확인하고, 다른 모터보트의 엔진 쪽으로는 절대 가지 말라고 신신당부를 했다.

상어를 보면 왠지 등골이 서늘해진다

'빅 드랍 오프'라 불리는 이 포인트는 직벽 형태로 되어 있어 다양한 산호초들과 열대어들이 가득하다. '내셔널 지오그래픽'을 4D로 보는 것 같다. 노란색과 하얀색 줄무늬를 가진 '니모'라는 귀여운 물고기가 산호초 사이에서 숨바꼭질하는 모습도 볼 수 있다. 생김새가 매우 특이한 것으로 유명한 '나폴레옹 피쉬'도 돌아다녔다. 나폴레옹이 쓰는 모자를 쓴 것처럼 이마가 툭 튀어나와 엄청난 머리 크기를 자랑하는 이 물고기는 사람을 잘 따르기 때문에 가까이 다가가도 도망가지 않는다. 물고기지만 대형견 같은 멍뭉미를 가진 귀여운 물고기다. 조금만 가까이 다가가도 화들짝 놀라 도망가 버리는 다른 물고기들과는 달리 오히려 사람을 쫓아다닌다.

가이드가 깊은 절벽 속 어두운 곳을 손끝으로 가리켰다. 손끝을 따라가려다 절벽 반대편으로 넘어가니 갑자기 차가워지는 수온에 불현듯 공포감이 확 밀려왔다. 상어가 보였다. 사람을 공격하지 않는 상어라지만, 상어의 등장만으로도 등골이 서늘해졌다. 바닷속으로 잠수해서 '자이언트 크램'이라 불리는 거대한 대왕 조개도 볼 수 있었다.

잠시 후, 자유 시간이 주어졌다. 팔라우의 바다에서는 잠시도 눈을 뗄 수 없었다. 형광빛이 나는 예쁜 물고기에 시선이 꽂혀 한참을 따라다니다 보니, 갑자기 주위의 수온이 차가워지는 것을 느꼈다. 그 한기에 온몸에 소름이 돋으며 갑자기 정신이 번쩍 든 나는 깜짝 놀라 물속에서 고개를 들었다. 조금 멀리 오긴 했지만, 다행히도 시야에 일행들이 보였다. 일행들 쪽으로 가려고 하는데 스노클링에 푹 빠져 있는 엄마가 보였다. 엄마는 오리발을 끼고 있어 엄청난 속도로 헤엄치고 있었는데, 하필이면 그 방향에 모터보트의 엔진이 있었다. 헤엄쳐 가서 말리려고

물고기들이 바닷속을 환상의 세계로 만들어 준다

했지만 엔진 쪽으로 향하는 엄마의 속도가 너무 빨라 잡을 수 없었다. 하는 수 없이 고래고래 소리를 지르며 멀리 떨어져 있는 엄마를 불렀다. 최대한 손을 크게 흔들며 목이 터져라 엄마를 불렀지만, 엄마만 빼고 모든 사람들이 나를 쳐다봤다.

엄마는 여전히 전속력으로 모터보트를 향해 헤엄치고 있었다. 아찔한 순간, 전속력으로 헤엄치던 엄마가 모터 엔진 바로 앞에서 멈춰 섰다. 스노클링 장비를 벗고 주위를 살피는 엄마에게 재빨리 헤엄쳐 갔다. 속상하고 놀란 마음에 다그치듯 엄마에게 큰소리를 내 버렸다. 알고 보니 엄마는 내가 보이지 않아서 고개를 들었다는 거였다. 엄마한테 격앙된 목소리로 말한 것이 내심 미안해졌다.

항상 잔소리하고 걱정하는 건 엄마였는데, 어느새 내가 엄마를 다그치고 있었다는 것을 깨달았다. 어릴 적에는 내가 엄마한테 "이건 뭐야?",

"저건 뭐야?" 하고 물었지만, 이제는 엄마가 내게 질문하는 일이 많아졌다. "구글 지도는 어떻게 보는 거니?", "와이파이는 어떻게 연결해?", "앱은 이렇게 다운받으면 되니?" 처음에는 엄마의 질문 세례에 일일이 대답해 주었지만, 나중에는 대충 얼버무리고 말았다. 그저 귀찮은 질문들이라고만 생각했는데, 엄마도 나에게만 의지하는 여행이 아니라 혼자 무언가를 해내고 싶어 한다는 것을 알게 되었다.

지금은 엄마에게 '식당까지 찾아가기', '대중교통 찾아보기', '인터넷 연결하기' 등 소소한 미션을 주어서 엄마 스스로 아직 해낼 수 있다는 기분을 느낄 수 있게 도와주고 있다.

Tip

추천! 팔라우 여행 일정

니코베이(카약), 클램시티(스노클링), 롱비치, 밀키웨이(머드 체험), 해파리 호수, 펀 다이빙, 체험 다이빙, 오픈워터 자격증 취득하기, 배낚시, 경비행기 투어

꼭 타고 싶다! 그 비행기

여행 경비에서 가장 많은 지출을 차지하는 것이 항공 요금인데, 항공사 직원들은 이 부분에서 절약할 수 있다. 하지만 대부분의 직원 항공권은 확약이 아니기 때문에 갑자기 예약이 늘면 비행기에 탈 수 없다. 이에 관련된 눈물 없이 듣기 힘든 스토리들을 직원들이 하나씩은 가지고 있다. 내 경우에도 직원 항공권에 관한 웃지 못할 에피소드가 있다.

4박 5일 프라하 비행 스케줄이 나왔을 때다. 현지에서 머무는 시간이 많은 스케줄인 데다 예약률이 낮아서 나를 포함한 몇 명의 승무원들과 기장님이 가족을 모셔 가기로 했다. *브리핑을 마친 후, 먼저 출국 절차를 마치고 게이트 앞에서 기다리고 있는 엄마를 생각하니 비행기를 타러 가는 발걸음부터 설레기 시작했다. 비행기에 도착해 바쁘게 지상 업무를 수행하던 중 뜻밖의 소식을 듣게 됐다. 현지 비행 편에 문제가 생겨 우리 스케줄이 2박 3일로 바뀔 예정이라는 것이었다. 장거리 2박 3일 스케줄이라면 현지 체류 기간이 정말 비행을 위한 최소한의 휴식 시간만 주어지기 때문에 가족과 같이 가는 것은 무의미했다. 바쁜 지상 업무를 수행하느라 엄마와 연락도 하지 못한 채 탑승이 끝났다. 결국 엄마를 비롯한 다른 가족들은 비행기에 탑승하지 못하고 이륙하게 됐다. 그렇게 게이트에서 다시 집으로 돌아간 엄마와는 12시간이 지난 후에야 연락할 수 있었다.

***브리핑:** 비행 전 회의

2년 후 베트남 치앙마이 4박 5일 스케줄이 나왔던 때다. 다행히 여유로운 예약률로 인해 엄마와 함께 치앙마이에 갈 수 있었다. 그곳에서 쿠킹 클래스, 현지 투어 등을 하며 알차고 재미있는 시간을 보냈다. 4박

5일이라는 시간은 치앙마이의 매력을 느끼기에 충분했다. 만족스러운 현지 체류 시간을 보내고 다시 한국으로 돌아가야 하는 날이 다가왔다. 비행 전 준비를 마치고 돌아가는 비행 편의 승객 현황을 확인해 보았다. 그런데 그 많던 좌석이 다 없어진 것을 보고 깜짝 놀랐다. 알고 보니 갑작스레 기종이 변경되어 좌석 수가 줄어든 것이다.

남은 좌석은 단 하나! 그러나 치앙마이는 나와 기장님 가족을 합쳐 총 두 명의 가족이 함께한 비행이었다. 더군다나 늦게 예약한 탓에 엄마의 대기 순번이 2번이었으므로 자칫하면 같이 한국으로 돌아갈 수 없는 상황이 생길 수도 있었다. 내가 당황하자 엄마는 더 당황하기 시작했다. 우리는 엄마가 혼자 치앙마이에 남겨질 수 있는 만약의 상황에 대비해야 했다. 펜과 종이를 꺼내 택시 타는 법, 호텔 예약하는 법, 간단한 영어 문장 등을 적고 설명해 줬다.

공항까지 가는 동안 부디 이 종이를 엄마가 사용하는 일이 없기만을 바랄 뿐이었다. 공항에 도착해서 마지막까지 확인한 결과 비어 있는 자리는 단 한 자리였다. 아직 엄마는 탑승할 수 없는 상태였다. 체크인이 끝나지 않았으므로 정확한 건 아니었지만 나는 엄마를 남겨 두고 비행기로 들어가야 했다. 탑승이 거의 끝나서야 기내를 둘러볼 수 있는 여유가 생겼다. 간절한 마음으로 이리저리 고개를 돌려 보니 다행히 저 멀리 엄마가 앉아 있는 모습이 보였다. 안도의 한숨이 나왔다. 알고 보니 예약 승객 중 한 명이 노쇼하는 바람에 엄마가 무사히 탑승할 수 있었다.

Tip

추천! 치앙마이 여행 일정

치앙마이 근교 투어(몬쨈, 보타닉 가든, 고산족 마을), 야시장, 쿠킹 클래스, 도이수텝, 왓우몽 사원, 님만해민, 치앙라이, 코끼리캠프, 도이인타논, 경비행기 투어

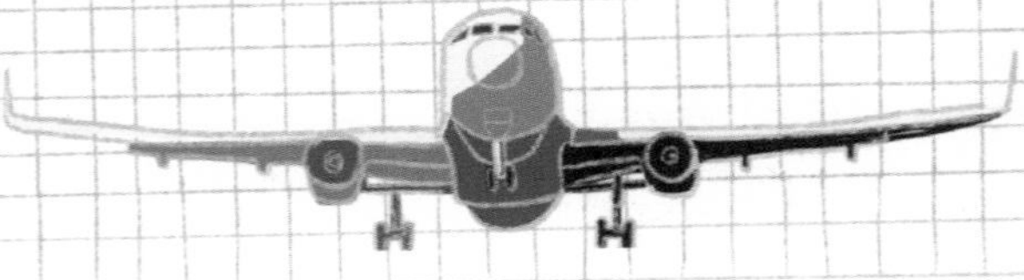

"지금까지 가 본 곳 중에 어디가 제일 좋아?" 나 역시도 승무원이 되기 전에 제일 궁금했던 질문이다. 하지만 여전히 이 질문에 대해 명확한 답을 하기란 어렵다. 많은 승무원들은 하와이, 방콕, 괌 등을 뽑는다. 그곳들이 모두가 좋아할 만한 곳이라는 데에는 나 역시 이견이 없다. 하지만 지극히 개인적으로 이 질문을 받는다면 내 대답은 다르다. 나는 이스라엘의 텔아비브, 캐나다 벤쿠버, 미국 워싱턴 D.C.라고 대답할 것이다. 의외인 지명을 뽑은 이유는 뜻밖의 즐거움을 발견한 곳이기도 하지만, 오래 기억에 남을 만한 추억이 있기 때문이기도 하다. 같은 여행지라도 동행하는 사람이나 경험에 따라 다른 색의 물감이 칠해지는 법이다.

누구나 좋아할 만한 관광지의 아이콘, 하와이

색다른 느낌이 교차하는 지중해의 도시, 텔아비브

이스라엘의 텔아비브는 우리에게 낯선 곳이다. 이 노선을 이용하는 승객들은 주로 이스라엘 사람들이나 성지 순례를 가는 한국인들뿐이다. 나 역시 비행을 통해 텔아비브에 가기 전까지는 어떤 곳인지 몰랐다. 그러나 내가 가서 직접 경험한 텔아비브는 예루살렘, 사해, 지중해 해변, 고급 리조트들이 있는 개방적이고 활기찬 관광 도시였다.

해변이나 호텔 수영장에서 휴양을 즐기는 사람들이 많고, 해변을 따라 리조트들이 늘어서 있다. 그 뒤쪽으로는 시장이 있다. 맛있는 냄새로 가득 찬 시장 앞을 그냥 지나치려면 굉장한 인내심이 필요하다. 질 좋은 신발과 가방을 저렴한 가격으로 살 수도 있다. 시장에서 구경하다 보면 어느새 텔아비브 시민들의 생생한 삶 속으로 들어가게 된다.

성지 순례를 하는 사람들에게 매우 중요한 예루살렘이 있는 곳이 바로 텔아비브이다. 예루살렘을 방문했던 날에는 비가 내렸다. 차분하게 젖은 예루살렘의 독특한 분위기가 아직도 생생하다. 종교가 없는 나에게도 예루살렘의 '통곡의 벽'은 기억에 남는다. 그곳에 손을 얹거나 소원을 적은 종이를 벽 사이에 꽂으며 간절하게 기도하던 사람들의 모습은 아름답기까지 하다.

텔아비브가 좋은 기억으로 남은 이유 중 하나는 이곳을 찾았던 후배들과의 추억 때문이다. 후배들과 비행을 마치고 지중해 해변에서 칼라마리 튀김과 시원한 맥주를 나눠 마셨다. 눈앞에서 하얗게 파도가 부서졌고 귓가를 간질이며 살랑살랑 불어 대는 바람들까지 모든 것이 완벽한 순간이었다.

적당히 배를 채우고 난 뒤 우리는 지중해 해변을 걸으며 사진을 찍었다. 텔아비브의 긴 지중해 해변을 끝까지 걸어가다 보면 전혀 다른 도

통곡의 벽이라는 이름에서도 숙연함이 느껴지는 곳

시에 온 듯한 느낌의 구시가지를 만날 수 있다. 옛날 마을의 모습을 그대로 간직하고 있는 구시가지에는 좁은 골목들과 신비로운 느낌을 주는 돌계단, 기분 좋은 흙 내음이 풍겨 오는 벽돌로 만든 집들이 죽 늘어서 있다. 이 구시가지는 지구상에서 가장 오래된 항구 도시다. 신비로운 역사를 꽁꽁 감춰 놓기라도 한 듯 이곳으로 향하는 입구는 아주 작고 좁은 돌계단이다.

'Welcome to old Jaffa'

돌계단 위에 써진 문구가 없었다면 이곳이 구시가지의 입구인지도 모르고 지나칠 뻔했다. 좁고 가파른 돌계단을 올라가면 다른 차원의 문으로 들어온 듯 신비로운 고대 도시로의 여행이 시작된다.

골목을 밝히는 은은한 조명들은 신비로운 항구 도시의 운치를 더해 준다. 누군가의 야외 결혼식이라도 온 듯 곳곳의 조명들이 분위기를 밝혀 주었고 광장에는 현지 사람들 여럿이 흥겨운 음악에 맞춰 춤을 배우고 있었다. 마음까지 즐거워지는 흐뭇한 광경이었다.

휴양을 즐기고 색다른 느낌의 도시를 만나고 싶다면 좋아하는 사람과 지금 당장 텔아비브로 떠나야 한다.

까만 하늘 아래 하나둘씩 켜지는 등불이 밤의 운치를 더해 주는 곳, 텔아비브의 올드자파다

가을 남자 같은 분위기의 도시, 캐나다 밴쿠버

캐나다 밴쿠버는 떠올리는 것만으로도 마음을 차분하게 해 주는 도시다. 유난히 밴쿠버 스케줄이 자주 나왔던 나는 혼자서 여러 번 밴쿠버를 돌아다녔다. 그리고 교육을 마치고 실습 비행으로 제일 처음 갔던 곳도 밴쿠버다. 속설로 실습 비행 때 갔던 곳은 비행을 시작한 후에도 자주 가게 된다는 말이 있는데, 아주 틀린 말은 아닌 것 같다. 실습 비행 때 갔던 밴쿠버와 뉴욕을 본격적인 비행을 하면서도 정말 많이 갔기 때문이다.

밴쿠버는 가을이나 겨울에 방문하면 구름 낀 하늘에 종일 부슬비가 내려 쓸쓸한 매력을 풍기는 가을 남자 같은 도시다. 비 올 때만 느껴지는 특유의 냄새를 맡으며 창문에 톡톡 떨어지는 빗소리를 들으면서 자면 숙면을 취하게 된다. 밴쿠버의 건물과 인테리어는 투박하지만, 아시아인이 많이 살고 있어서인지 다른 외국보다 친밀한 느낌을 받기도 한다.

부슬부슬 끊이지 않고 내리는 비에 호텔 밖으로 나가지 않고 휴식만 취하며 시간을 보낼 때도 잊지 않고 꼭 들르는 곳이 있다. 바로 캐나다의 스타벅스라 불릴 만큼 국민 카페인 '팀 홀튼'이다. 평소 커피를 즐겨 마시지 않지만, 이곳의 프렌치 바닐라 카푸치노는 아직 커피의 쓴맛을 이해하지 못하는 나에게조차 신세계다. 따뜻한 프렌치 바닐라 카푸치노를 마시며 비가 내리는 밴쿠버의 차가운 하늘을 바라보았던 경험은 두고두고 생각날 만큼 특별하고 멋지다.

날씨가 좋은 날이면 밴쿠버의 명소들을 돌아다녔는데, 그중에서도 기억에 남는 곳은 캐필라노 협곡이다. 숙소에서 스카이 트레인을 타고 캐나다 플레이스로 이동한 다음 셔틀버스를 타면 갈 수 있다. 이곳을 방문할 예정이라면 겉옷을 여분으로 하나 더 챙기는 것이 좋다. 맑고 차가운 공기가 코와 입을 통해 폐까지 이동하는 경로를 하나하나 느낄 수 있을 정도로 상쾌한 경험을 할 수 있다. 나는 이곳에서 '산림욕이 이런 거구나.'라는 걸 처음 깨달았다.

캐필라노 협곡에서 가장 유명한 것은 '서스펜션 브리지'다. 서스펜션 브리지는 세상에서 가장 긴 흔들 다리로, 노약자나 심장이 약한 사람들은 갈 수 없다. 실제로 매우 길어서 다리가 많이 흔들리기 때문에 중심 잡고 서 있기가 힘들 정도다.

서스펜션 브리지. 진정한 서스펜션을 경험할 수 있다

캐필라노 협곡을 다 둘러보려면 시간이 꽤 많이 걸린다. 따라서 편한 운동화와 함께 몸속 깊은 곳까지 깨끗한 공기를 마음껏 마시겠다는 마음으로 편안하게 즐기면 된다. 일상으로 돌아와 미세먼지로 숨이 턱턱 막히는 날이면 캐나다의 캐필라노 협곡이 생각난다.

아쉬움이 많아 더 특별했던 워싱턴 D.C.

미국의 수도 워싱턴 D.C.는 유학 중이던 고등학교 친구를 만나러 갔던 곳이다. 혹독한 추위를 자랑하는 미국 동부에 있는 워싱턴 D.C.에 하필이면 가장 추울 때쯤 비행이 나왔다. 그러나 친구를 볼 수 있다는 생각에 마냥 설레는 마음으로 비행을 했다. 약속 장소였던 지하철역에서 친구를 보자 뭉클한 마음이 밀려들었다. 이미 워싱턴 D.C.는 전날 계속해서 내린 눈으로 거리가 온통 하얗게 변해 있었다. 두꺼운 패딩을 꽁꽁 싸매고 미국 동부의 유명한 햄버거인 쉑쉑버거를 먹으러 갔다. 바닐라 쉐이크와 쉐이크버거, 쉬룸버거, 치즈 프라이를 시켜 놓고 친구와 못다 한 이야기를 실컷 나눴다.

밥을 먹고 나서는 유명한 관광지들을 구경시켜 달라고 말할 생각이었다. 그러나 한국에서도 심한 집순이로 유명했던 친구는 워싱턴 D.C.에서도 아는 곳이라고는 홈스테이 집 근처인 코리아타운밖에 없었다. 그래도 희망을 버릴 수 없었던 나는 “설마 백악관은 어디 있는지 알지?”라고 물었다. 다행히 친구는 유일하게 가본 곳이 백악관이라고 했다. 인터넷 연결이 안 된 휴대 전화기만 들고 있었던 우리는 친구의 기억에만 의존해서 살벌한 추위를 뚫고 백악관으로 걸어갔다. 꽤 오래 걷고 나서야 갑자기 멈춰 선 친구가 백악관인 것 같다며 보여 준 곳은 쇠창살 사이로 안쪽 멀리 보이는 하얀 건물이었다. 날씨 때문인지 관광객 하나 없는 분위기와 기대보다 작아 보이는 백악관의 모습에 당황했다.
“정말 저 건물이 백악관 맞아?”
“맞……을……걸?”
우리는 그냥 저 건물이 백악관이라고 믿기로 했다. 영화에서나 보던 백악관을 실제로 봤다는 신기함을 느낄 겨를도 없이 살을 에는 추위에 더 이상의 관광은 포기하고 서둘러 지하철역으로 향했다. 그 후 우리는 코리아타운으로 이동해서 유명한 빵집에 들러 빵도 사고 저녁으로 한식을 먹었다. 날이 너무 추워서 제대로 돌아다니지도 못하고 친구와 실내에서 수다를 떨면서 시간을 보낸 곳이라서 더 특별한 아쉬움을 안겨 주었다. 워싱턴 D.C. 스케줄이 나오면 그때 다시 만날 것을 약속했지만, 안타깝게도 친구가 한국으로 돌아올 때까지 그런 기회는 찾아오지 않았다.

헤어질 시간이 다 되어 친구는 나를 숙소 근처 지하철역까지 데려다줬다. 작별 인사를 하고 돌아서는 친구의 뒷모습을 보니 왠지 모를 짠한 마음이 들었다. 나는 고작 낯선 도시에 이틀 동안 머물렀다 가는데, 친구는 얼마나 한국이 그리울지 상상하기조차 힘들었다.

그리고 몇 년 후, 한국으로 돌아왔다는 친구를 고향에서 만날 수 있었다. 그날의 이야기를 하며 친구는 뜻밖의 사실을 털어놨다. 내가 왔던 그날이 유학 생활 중 가장 기뻤던 날이라고 말이다.
"너는 몰랐을 테지만, 사실 그때 너를 볼 수 있어서 정말 좋았고 힘이 됐어."

Tip

추천! 이스라엘 텔아비브 여행 일정

지중해 해변, 사해, 시장 구경, 자파(구시가지), 예루살렘

추천! 캐나다 밴쿠버 여행 일정

스탠리 공원, 개스타운, 그랜빌 아일랜드, 캐필라노 협곡, 캐나다 플레이스, 잉글리시 베이, 빅토리아 아일랜드, 휘슬러

추천! 미국 워싱턴 D.C. 여행 일정

백악관, 국회의사당, 링컨 기념관, 펜타곤, 국립 항공우주 박물관, 워싱턴 국립 미술관

Gate 3

비행기, 여행의 시작이자 끝

승무원이 지각했을 때 생길 수 있는 일

비행 6개월 차, 아직 비행기에 탑승하는 손님들보다 내가 더 비행기랑 어색한 사이, 딱 그 무렵이었다. 알람 소리에 눈을 떠 침대에서 몸을 일으키는데 잠을 잘못 잤는지 그 상태로 목에 담이 걸려 버렸다. 세수하고 옷을 입을 때마다 담 걸린 목 때문에 불편하고 기분이 좋지 않은 아침이었다. 목이 아파서 그랬겠지만 그날따라 *헤어두는 더 말썽이었다. 삐죽삐죽 잔머리가 자꾸만 눈에 거슬려 풀었다 다시 묶기를 반복했다. 세 번째로 머리를 다시 묶고 있는데 휴대폰이 울렸다. 번호를 보고 왠지 모를 불길한 예감에 갑자기 등골이 오싹해졌다. 번호의 앞자리가 회사 번호였기 때문이다. 수화기 건너편의 사람은 오늘 같이 비행하게 될 선배라고 자신을 소개했다.

*헤어두: 하나로 단정하게 묶은 승무원 머리 스타일

"저희 조금 있으면 브리핑 시작하는데, 혹시 어디세요?"

"네?"

그럴 리가 없었다. 어제 분명히 세 번도 넘게 확인했다.

"저 지금 집인데……."

"네? 오늘 비행하는 거 알고 계시죠?"

"네! 지금 준비하는 중이었어요."

"시간 착각하셨어요? 언제까지 오실 수 있으세요?"

잠시 전화기를 귀에서 떼고 다시 한번 *브리핑 시트를 확인했다. 어제는 분명 회사 도착 시각을 브리핑 시간 2시간 전으로 여유롭게 잡았는데, 다시 확인한 브리핑 시트의 시간은 지금부터 10분 뒤였다.

***브리핑 시트:**
해당 비행에 대한 정보가 담겨 있으며, 휴대폰으로도 확인할 수 있다.

"죄송합니다. 지금 출발하면 10분 뒤에 도착할 수 있어요."

"네, 그럼 얼른 오세요."

전화를 끊고 바로 집에서 뛰쳐나갔다. 다행히도 이 날은 몇 달에 한 번씩 있는 김포 공항 출발 비행 편이었다. 김포 공항과 가까운 곳에 살고 있어서 택시 타고 가면 10분 안에 도착할 수 있는 거리였다. 생각할 겨를도 없이 바로 뛰어나가서 택시를 잡았다. 긴박한 순간에 캐리어를 택시에 정신없이 집어넣고 차에 탔다. 달리는 택시 안에서 머리에 꽂았던 핀들을 뽑고 준비를 마쳤다.

아무리 생각해도 귀신이 곡할 노릇이었다. 분명히 어제도 세 번 넘게 확인했고 자기 전에 한 번 더 확인하고 알람도 확인하고 잤다. 매일 출근 시간이 달라지는 승무원은 출근 전날 브리핑 시간에 맞춰 출근 시간을 계산해야 한다. 국제선 기준 김포 공항 출발일 경우, 비행기 출발 1시간 40분 전에 본사에서 브리핑을 시작한다. 그러나 신입 때는 실수하거나 예상치 못한 상황으로 늦을 수 있어서 그 시간보다 두 시간 일찍 출근하곤 한다. 비행기 출발 시간 기준으로 여섯 시간 전부터 집에서 출근 준비를 하는 셈이다. 김포 공항인지 인천 공항인지 또는 국제선인지 국내선인지에 따라 매번 달라지는 브리핑 시간 때문에 처음에는 출근 시간 계산하는 것이 헷갈릴 수 있다. 그래서 혹시 실수할까 봐 몇 번이고 다시 확인하는 버릇이 생겼는데, 어제는 비행기 출발 시간을 브리핑 시간으로 착각해서 생긴 일이었다. 귀신에게 홀리지 않고서야 착각한 시간으로 계속해서 생각했을 리가 없는데, 정말 희한한 날이었다.

승무원에게 지각이나 결근은 일반 회사원과는 의미가 사뭇 다르다. 비행기는 법적으로 승무원의 '최소 탑승 인원'이 정해져 있기 때문에 지각이나 결근으로 인해 비행기가 연착되거나 취소될 수도 있다. 따라서 근태는 승무원에게 엄격하게 적용될 수밖에 없다.

정말 말도 안 되게 브리핑 시작 시각에 딱 도착했다. 내가 도착하자마자 아무 일 없다는 듯이 곧바로 브리핑이 시작됐지만, 턱까지 차오른 숨 때문에 제대로 앉아 있기도 힘들었다. 누구 하나 뭐라고 하는 사람도 없었는데 가시방석처럼 느껴지는 탓에 눈물이 터질 것만 같았다.

그렇다고 내 감정에 허우적거리느라 당장 눈앞에 닥친 일을 못한다고 할 수도 없는 일. 호흡을 가다듬고 해야 할 일을 처리했다. 승무원이라면 누구나 한 번쯤 할 수 있는 실수라며 위로해 준 선배들의 격려로 끔찍했던 기분을 간신히 떨쳐 버리고 무사히 비행을 마칠 수 있었다. 코로나 이후에는 회사에서 브리핑 없이 바로 공항으로 출근해서 게이트 앞에서 진행하는 십사이드 브리핑(shipside briefing)으로 변경되었다.

나와 다른 사람들이 모인 '작은 지구'

불과 몇 년 전만 해도 명절에 친척들이 둘러앉아 뉴스를 보면, '인천 공항 하루 이용객 15만 명 몰려', '인천 공항 역대 최대 이용객 몰린다!' 등의 뉴스가 계속해서 흘러나왔다. 몰려드는 여행객들의 수를 감당할 수 없어 2018년 제2터미널이 개장됐고, 세계 어느 나라를 가더라도 여행하는 한국인들을 만날 수 있다. 그만큼 우리 민족은 여행을 좋아하나 보다.

그도 그럴 것이 반도라는 지리적 위치에 남북이 분열되어 대륙으로 가는 길은 막혀 있는 데다 토지 면적에 비해 인구수는 넘쳐나지만 바다가 삼면을 가로막고 있다. 일본과 같은 섬이나 다름없는 것이다. 사방으로 막혀 있는 지리적 여건 때문에 좁은 국토를 벗어나 멀리 떠나고 싶은 마음을 갖게 되는 건 당연하다.

더구나 똑똑하고 열심히 살기로는 세계 1등이라 대한민국은 상향 평준화되어 있다. 모두 잘난 사람들 속에서 살아남으려면 자연스럽게 경쟁이 심해지니 삶이 팍팍해질 수밖에 없다. 경쟁이 덜하고 여유로운 곳으로 떠나고 싶은 마음이 큰 것이다. 실제로 해외 취업을 선호하는 젊은이들도 많고, 이민을 꿈꾸는 사람들도 많다.

만석을 기준으로 한다면, 가장 작은 비행기 이용객인 130명부터 가장 큰 비행기 이용객인 400명까지 한 번 비행할 때마다 몇백 명의 사람들을 만나게 된다. 전 세계 사람들과 자연스럽게 만날 수 있는 직업으로 승무원만 한 게 없다.

일례로, 하루에 다섯 번 신께 기도를 올려야 하는 무슬림들은 기내에서도 기도를 올린다. 또 인도 사람들은 '오케이!'를 뜻하는 긍정의 의미가 고개를 갸우뚱하는 제스처이기 때문에 싫다는 의미로 오해할 수 있다. 우리나라 어르신들은 살갑게 먼저 도움을 드리는 것을 선호하는 반면, 외국 승객들은 도움을 요청할 때까지 기다리는 것이 좋다. 또한 몸이 불편한 승객에게 먼저 도움을 주는 행동을 차별이라 생각하는 사람들이 있는 반면, 도움을 받길 원하는 승객들도 있다.

기내에서 가장 두드러지게 경험할 수 있는 것은 전 세계인의 식습관이다. 종교, 가치관, 건강 등의 이유로 특정 종류의 식사만 선호하기도 한다. 하지만 원칙적으로 변질 가능성이 있는 외부 음식을 기내에서 취식하는 것은 금지되어 있다. 따라서 모든 승객은 비행 시간 동안 좋든 싫든 항공사에서 제공하는 기내식에 의존해야 한다. 이런 이유로 항공사에서는 특정 승객들을 위해 특별식을 서비스하고 있다. 준비할 시간이 필요하기 때문에 반드시 탑승 전에 미리 신청해야 한다.

항공사에 들어오기 전에는 종교식과 야채식의 종류가 이렇게 세분화되어 있는 줄 몰랐다. 종교식에는 회교도식, 힌두교식, 유대교식이 있다. 돼지고기 또는 소고기를 사용하지 않거나 율법에 따른 전통 의식을 치른 후 조리한 음식이 제공된다. 야채식은 더욱 다양한 종류로 세분화되어 있는데 유제품, 계란, 뿌리 식품을 사용하는지에 따라 서양식, 엄격한 서양식, 인도식, 엄격한 인도식 등으로 나뉜다. 야채식은 고기만 안

들어가면 되는 음식이라고 생각하기 쉬운데, 야채 식단을 지키는 사람들이 허용하는 야채의 범위가 다르다. 따라서 그들에게는 식사 이외에 기내에 실리는 먹거리를 서비스할 때 더욱 조심해야 한다. 육안으로는 확인할 수 없지만, 성분에 따라 먹지 못할 수도 있기 때문이다. 예를 들어 컵라면 수프에 소고기 분말이 들어갔다면 소고기를 먹지 못하는 사람은 컵라면도 먹을 수 없다. 또 아이스크림에 젤라틴이 들어갔다면 채식하는 사람들에게 취식 가능 여부를 반드시 물어봐야 한다.

이처럼 비행기 안은 다양한 인류의 생활 모습을 요약해 놓은 곳이다. 특정한 장소 안에 다양한 종류의 사람을 만나고 접할 수 있어서 사고의 폭을 넓히는 데도 도움이 된다.

내 상식에서 이해가 가지 않는 일들도 그들의 상식으로 생각하면 충분히 이해가 가는 일들도 많다. 이 세상에 틀린 사람은 없다. 나와 다른 사람만 있을 뿐이다.

Tip

항공사 특별 기내식 신청 방법

· 항공기 출발 24시간 전까지 신청 및 변경 가능

1. 홈페이지 또는 앱을 통해 온라인으로 신청

2. 1588-2001(대한항공) / 1588-8000(아시아나) / 1599-1500(제주항공) / 1600-6200(진에어) / 1688-8686(티웨이) / 1666-3060(에어부산)

인생 사진을 건질 수 있는 풍경 맛집

우리는 비싼 돈을 지불하고 전망 좋은 호텔에 숙박하기도 하고, 멋진 뷰를 감상하며 식사하기 위해 식당의 창가 자리를 예약하기도 한다. 비행기가 하나의 여행지라고 생각한다면 비행기만큼 멋진 뷰를 감상할 수 있는 곳이 또 있을까 싶다.

땅 위에서는 구름의 밑부분만 볼 수 있지만, 비행기에서 보는 구름은 3D 입체다. 우리가 살면서 안고 있는 걱정들도 어쩌면 구름의 단면일 수 있다. 그 위에, 그 너머에 무엇이 기다리고 있을지는 아무도 모른다. 편협한 사고로 걱정을 만들어내지 말고, 하늘 위에서 문제를 바라보면 어떨까.

비행기 창문을 통해 본 풍경들 중 몇몇은 평생 잊지 못할 추억을 만들기도 한다. 첫 번째 풍경은 새벽 비행에서만 볼 수 있는 일출이다. 밤새 뜬눈으로 한국으로 와야 하는 새벽 비행을 할 때면 비행기 창문 너머로 황홀한 일출을 마주하게 된다. 시야에 걸리는 것 없이 오롯이 태양이 떠오르는 장면을 볼 때면 광활한 대지 위에 나 혼자 태양과 마주하고 있는 것 같다.

두 번째 풍경은 지금까지 딱 한 번 봤던 하늘 위의 오로라다. 장거리 비행 중 급하게 부르는 소리가 들려 뒤를 돌아보니 선배가 창문을 가리키고 있었다. 오로라가 일정한 간격을 두고 눈앞에 펼쳐졌는데, 은하수 별빛이 잔잔한 바람에 휘날리는 실크 스카프처럼 우아하게 움직이던 모습을 평생 잊을 수 없을 것 같다. 비행에서 창문을 꼭 닫고 있지만 말자. 인생 최고의 황홀한 광경을 맞닥뜨리게 될 수도 있으니까.

Boarding

어쨌든 당신이 떠나야 할 이유는 충분합니다

40일 동안 홀로 떠났던 유럽에서 배낭여행을 하며 느꼈던 긍정의 힘, 인연의 소중함, 새롭게 경험해 본 '다양한 맛'에 대한 이야기를 풀어놓으려고 한다.

Gate 1

배낭여행의 첫 번째 준비물은 '무한 긍정 마인드'

여행을 시작하기 전에

누구나 긍정적인 마인드를 갖고 싶어 한다. 하지만 그것은 언제나 책으로만 배우는 이론처럼 현실에서는 마음같이 되지 않는다. 다른 사람에게 조언해 주는 것은 쉽게 할 수 있지만, 막상 나에게 어려움이 닥쳤을 때 긍정적으로 생각할 수 있는 사람이 몇 명이나 될까? 대단한 노력을 기울이지 않는 이상 틈새를 파고드는 비관적인 생각을 컨트롤할 수 있는 사람은 거의 없을 것이다.

나는 유럽 배낭여행을 하면서 돌발 상황들을 해결해 가는 과정에서 긍정적인 마인드를 잃지 않으려 노력했다. 일상에서 벗어난 배낭여행은 예측할 수 없는 사건들의 연속이었기 때문에 즐겁게 여행을 끝마치기 위해선 긍정적인 마인드가 반드시 필요했다.

또한 여행을 하면서 같은 상황을 마주했지만 다르게 반응하는 사람들로부터 긍정적인 마인드를 배우기도 했다. 같은 문화와 비슷한 가치관 속에 살았던 내가 여행을 통해 다른 문화와 가치관을 가진 사람들을 만남으로써 한 단계 시야가 넓어진 것이다. 물론 그렇다고 인생의 정답이 바뀌는 것은 아니다. 다만 선택할 수 있는 선택지가 하나 더 늘어나 마음이 풍부해졌다는 것만은 확실하다.

'어설픈 완벽'을 버리고 '완벽한 어설픔'을 채우다

나를 포함한 현대에 사는 우리는 '어설픈 완벽주의자'들이 많다. 어떤 일이든 완벽하게 해내고 싶고, 잘하고 싶고, 인정받고 싶어 한다. 하지만 우리는 천재도 예언가도 아니기에 그 '완벽'은 어김없이 무너져버린다. 그럴 때 우리는 자신을 원망하고 자책하며 이렇게 말한다. '왜 이런 일을 예상하지 못했을까?', '열심히 했는데 이렇게 되다니…….', '왜 나한테만 이런 일이 일어나는 거지?'

하지만 사람이 신이 아닌 이상 미래에 일어날 일을 모두 다 어떻게 예측할 수 있을까? 오히려 완벽하게 계획을 세웠다는 생각에 막혀 다른 가능성을 염두에 두지 못했기 때문에 실패할 수 있다.

나는 처음으로 떠나는 유럽 배낭여행의 목표를 모든 가능성을 열어두는, 융통성 있는 여행으로 정했다. '어설픈 완벽'을 버리고 '완벽한 어설픔'으로 어떤 일이 생길지 기대되는 여행을 만들어가기로 한 것이다. 그저 인연과 운명의 힘으로 내 여행의 페이지를 채우려고 마음먹었다.

다른 한편으로는 여행을 하는 동안 오롯이 내 생각에 집중하기로 했다. 지금의 우리는 언제 어디서나 곁에 있는 전자기기들로 인해 자유시간이 없다. 잠시라도 여유가 생기면 인스타그램에서 다른 사람들의 피드를 보기 바쁘고, 지하철로 이동할 때는 유튜브로 먹방을 보고, 눈을 뜨면 휴대폰을 찾아 밀린 카톡에 답장을 보낸다. 심지어 화장실에 갈 때조차 가지고 간다.

언제였을까? 손에 아무것도 들지 않고 머릿속으로만 상상의 나래를 펼쳤던 시간이, 휴대폰 메모장이 아니라 머릿속에 방을 나누고 이 생각 저 생각으로 방을 옮겨가며 사고했던 시간이. 그래서 이번에는 오로지 내 생각 자체에 집중하기로 했다. 아무리 바보 같은 생각을 해도 좋으니 나만의 생각을 하기로 결심한 것이다. 누군가가 제공해 주는 미디어로 생각하는 것이 아니라, 나 자신이 생각의 주체가 되고 싶었다.

파리에서 벨기에로 가는 10만 원짜리 기차 티켓

비행하며 유럽의 대도시를 가 볼 기회는 많았지만, 머무는 시간이 짧기 때문에 근교나 소도시에 갈 기회는 거의 없었다. 그래서 유럽 배낭여행을 할 때는 근교나 소도시 위주로 많이 다녔다.

첫 번째로 정한 나라는 프랑스였다. 베르사유 지역에 저렴한 숙소를 잡고 다음 일정을 고민하던 중, 여행 프로그램에서 인상 깊게 봤던 벨기에가 생각났다. 감자튀김, 맥주, 와플로 유명한 벨기에는 파리에서 기차로 당일치기 여행이 가능한 곳이다. 주말인 데다 출발 전날 예매한 탓에 브뤼셀행 왕복 기차 편도 비용이 10만 원이 넘었지만, 당일로 국경을 넘는 여행을 해보기로 결정했다.

유럽 여행 지도

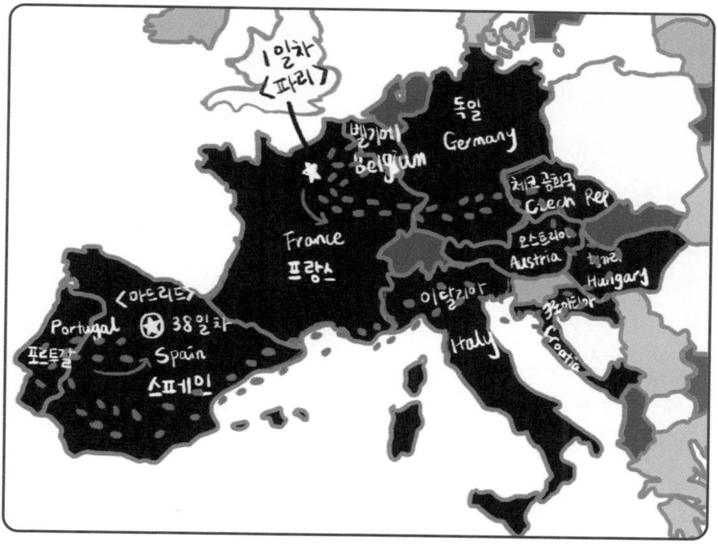

숙소에서 파리 기차역까지는 지하철을 환승해야 한다. 시간을 여유 있게 잡고 숙소에서 출발했다. 그러나 내가 간과했던 사실이 하나 있었다. 유럽은 한국이 아니라는 것이다. 베르사유에서 파리로 가는 지하철이 조금씩 연착되면서 도착 시각이 계속 미뤄지기 시작했다. 유럽의 대중교통은 지연도 잘되고 취소되는 경우도 있어서 불안함이 조금씩 밀려들었다.

결국 중간에 지하철에서 내려 택시를 타기 위해 지상으로 올라왔지만, 출근 시간대라서 교통 상황이 좋지 않았다. 자포자기한 심정으로 다시 지하로 내려가 기차역으로 가는 지하철을 탔고, 운명적으로 기차 출발 5분 전에 내릴 수 있었다. 다행히 지하철역과 기차역이 멀지 않아서 죽을힘을 다해 뛰었다. 기적적으로 기차에 올라타 시간을 보니 출발하기 1분 전이었다.

파리에서 벨기에까지는 기차로 한 시간 반이면 된다. 기차에 몸을 싣고 파리 근교의 시골 풍경을 보고 있으면 어느 순간 벨기에의 시골 풍경으로 바뀐다. 정확한 지점을 알 수는 없지만, 영사관에서 보낸 벨기에 입국 문자가 휴대폰으로 전송되면 '지금 여기는 벨기에구나!' 하고 알게 된다. 브뤼셀은 작지만 볼거리가 많은 도시로 항상 많은 관광객들로 붐비는 곳이다. 대부분의 관광 명소들이 지리적으로 가까운 곳에 모여 있어 걸어다니며 여유롭게 관광하기에도 아주 좋다. 유럽에서 가장 작은 나라

오줌싸개 소년.
이 어린 소년을 보기 위해 관광객들이 넘쳐난다

브뤼셀에 갔다면 꼭 가봐야 하는 대표 관광지, 그랑플리스

중 하나인 벨기에의 수도지만, 존재감은 그와 반비례하는 것처럼 보인다. 오줌싸개 소년, 그랑플라스, 예술의 언덕, 왕립 미술관 등 유명한 관광지들이 모여 있고, 고디바, 와플, 감자튀김, 맥주, 홍합 등 맛있는 음식들이 즐비하다.

문화적으로도 존재감을 느낄 수 있는데, 대표적으로는 어린이들이 한 번쯤 들어봤을 만화 캐릭터 스머프의 고향이며, 유명 만화인 땡땡(TinTin)이 나온 곳이다. 그래서인지 거리에서는 만화가 그려진 벽화를 쉽게 볼 수 있고, 만화 박물관과 만화와 관련된 다양한 기념품들을 구경할 수 있다. 유명한 인물로는 오드리 헵번이 벨기에 출신이다.

파리에서 한 시간 반만 이동하면 갈 수 있는 브뤼셀에서 프랑스와는 다른 벨기에만의 매력에 흠뻑 빠질 수 있었다.

멍청비용을 내고 브뤼셀에서의 예쁜 추억을 얻다

파리로 돌아가는 기차는 브뤼셀 미디역에 있다. 브뤼셀로 올 때의 실수를 반복하지 않으려고 조금 여유를 두고 구글 지도에서 기차역을 검색해서 걸어갔다. 30분 정도 일찍 도착하여 전광판에서 내가 탈 기차가 몇 번 플랫폼으로 들어오는지 찾았다. 하지만 몇 번을 찾아봐도 내가 탈 기차는 전광판에 보이지 않았다. 혹시 출발 시각이 많이 남아서 아직 전광판에 나타나지 않는 건가 생각했지만, 아침의 불길한 예감이 온몸을 덮쳐왔다. 황급히 역무원을 찾아가 휴대폰으로 기차표를 보여주니 브뤼셀 미디역은 이곳이 아니라는 것이 아닌가!

알고 보니 이 황당한 일은 나의 어처구니없는 실수에서 시작됐다. 불어는 영어와 발음이 비슷한 단어들이 많다. 예를 들어 Nord는 North로 '북'이란 뜻이고, Bleu는 Blue로 '파란'이란 뜻이 있다. 그 때문에 나도 모르게 브뤼셀 미디역의 'Midi'를 'Middle'의 '중앙'이라고 생각해 브뤼셀 중앙역이라고 믿어 의심치 않았던 것이다. 브뤼셀에는 브뤼셀 중앙역이라 불리는 브뤼셀 센트럴역과 브뤼셀 미디역 두 개의 기차역이 있는데, 나는 그만 브뤼셀 센트럴역으로 온 것이다. 제대로 알아보지도 않고 지레짐작해 버린 내 잘못이기에 누구를 탓할 겨를도 없이 센트럴역에서 미디역까지의 거리를 검색해 보았다. 기차 출발 시각까지는 10분 남은 상태였지만, 두 역 사이의 거리는 걸어서 25분, 차로 17분이 걸렸다. 억울한 마음에 택시를 잡거나 전력 질주를 해볼까 하는 생각도 잠시 했으나 불가능하다는 현실을 받아들이기로 했다. 10만 원이라는 거금을 날리기 아까워서 환불 규정을 자세히 읽어봤지만 불가능하다고 적혀 있을 뿐이었다.

결국 두 시간 뒤에 오는 기차로 다시 예매한 후, 브뤼셀 미디역까지 터덜터덜 걸어가는데 기차 티켓 가격을 떠올리니 속상하고 바보 같은 복합적인 마음에 괜히 우울해졌다. 그러다 마음을 바꾸고 지금 브뤼셀에 있다는 사실 자체에 집중하기로 했다. 어느 누구의 잘못도 아닌 내 잘못이기에 한시라도 빨리 잊는 것이 좋다고 생각했기 때문이다.

그러고는 브뤼셀의 공기를 있는 힘껏 들이마셨다. 걸어서 25분이면 가는 거리를 45분 동안 걸어갔다. 브뤼셀 골목의 과일 가게 아저씨에게 내 얘기를 하소연하기도 하고, 다리 아래 멋진 그라피티 아트를 구경하기도 했다. 기차역 대합실에서 기차를 기다리며 옆자리에 앉은 프랑스 꼬마 숙녀와 친구도 되었다. 어느 순간부터 이 상황이 재미있어지기 시작했다. 10만 원짜리 기차를 놓친 대신 그 이상으로 가치 있는 추억이 브뤼셀에서 생긴 것이다. 돈으로 환산할 수 없는 긍정적인 태도까지 배웠으니 10만 원보다 더 가치 있는 추억이라 생각한다.

나중에 여행지에서 만난 사람들에게 이 날의 에피소드를 말했더니 '멍청비용'이란 단어를 알려주었다. 멍청비용이란 부주의로 인해 안 써도 되는 비용을 지불하는 것을 말한다. 일상생활에서도 할인받는 방법을 알지 못해 제값을 내고 물건을 사거나, 미리 현금을 인출하지 않아서 수수료를 내는 비용 등을 두고 자주 쓰는 말이다.

여행이 끝난 후 돌이켜보니 멍청비용으로만 엄청난 금액이 빠져나갔다는 것을 깨달았다. 파리에서 샀던 지하철 표가 지갑 안에서 구겨지는 바람에 폐기 처분할 수밖에 없었고, 크로아티아에서 케이블카를 탔을 때는 막차 시간을 모르고 왕복으로 티켓을 끊었다가 편도 티켓을 날린 적

조급함을 내려놓고
여유롭게 다녔던 브뤼셀의 거리.
마음이 편안하니 모든 게
예쁘게만 보였다

도 있었다. 어디 그뿐인가, 교통수단을 결제할 때 불필요한 옵션을 선택해 필요 없는 금액이 빠져나가기도 했고, 베네치아에서는 제대로 알아보지 않고 환전하는 바람에 거액을 수수료로 날리기도 했다. 처음에는 유럽에서 소매치기만 조심하면 될 줄 알았는데, 가장 위험한 건 바로 어설픈 나 자신이라는 웃지 못할 깨달음까지 얻게 됐다.

처음에는 이런 일이 생길 때마다 허탈함과 자괴감이 들었다. 이야기를 나눌 사람도 없이 혼자 하는 여행이었기 때문에 그런 감정을 더 깊게 느꼈다. 그러나 이럴 때야말로 긍정적인 태도를 배우기에 가장 좋은 시기라고 생각하기로 했다. 그러자 여행을 시작하기 전 생각했던 '완벽한 어설픔'에 대해 되새길 수 있었고 내가 처한 낯선 상황들을 재미있게 받아들였다.

생각해 보니 멍청비용처럼 속이 쓰린 지출만 있었던 것도 아니었다. 예상치 못한 순간에 이득을 본 적도 있다. 친절한 에어비앤비 주인이 수제 와인을 선물해 준 적도 있었고, 한인 민박 사장님이 이탈리아 전통 에스프레소 커피의 환상적인 맛을 보여주기도 했다. 처음 경험해 본 남녀 혼숙 호스텔에서 터키 친구와 맥주를 마시며 재미있는 터키 이야기도 들었다. 또 니스에서 같이 투어했던 신혼부부 커플은 음식점에 놓고 왔던 선글라스 때문에 시간이 지체되어 미안하다며 입장권 티켓 비용을 내주기도 했다. 바르셀로나로 가는 저가 항공사 비행기 옆 좌석에 앉은 모로코 변호사는 선뜻 물을 사주기도 했다. 이런 것이야말로 여행의 또 다른 묘미가 아닐까 생각한다. 내 실수로 인해 줄줄 새는 나의 독에 여행에서 만났던 좋은 사람들이 정성 한 바가지씩을 채워주니 독이 마를 일이 없었다.

날씨가 변덕스러울수록 여행은 더 특별해진다

인연과 운명으로 여행을 만들어가고자 마음먹은 나는 의도적으로 구체적인 여행 루트를 정하지 않았다. 예전부터 생각했던 브뤼셀, 베니스, 니스를 기준으로 유럽 지도를 보며 현재 위치에서 가까운 도시를 다음 여행지로 정하는 식이었다.

부다페스트에 있을 때 다음 여행지를 베네치아로 정하고 교통편을 확인하는데, 가는 길에 크로아티아의 자그레브가 있었다. 자그레브에서 잠시 머물다 베네치아로 가도 좋겠다 싶어서 크로아티아를 검색하던 중 두브로브니크의 사진을 보게 됐다. 중세의 모습이 그대로 남아 있는 구시가지와 성벽 그리고 그 성벽에서 바라보는 아드리아해의 노을 사진을 보는 순간 두브로브니크에 꼭 가야겠다는 생각이 들었다. 그래서 당장 두브로브니크행 비행기표를 결제했다.

정신을 차려 보니 자그레브 국제공항이었다. 두브로브니크는 유럽인들에게 꿈의 휴양지라 불리는 곳이다. 부다페스트의 강추위와 비바람에 떨다 온 나에게 따뜻한 햇빛이 내리쬐는 두브로브니크가 꼭 필요했다.

체크인을 하기 위해 항공사 카운터로 갔다. 내 여권과 짐을 모두 확인하고 선호하는 좌석까지 확인한 카운터 직원은 무심하게 마지막 말을 내뱉었다.
"오늘 두브로브니크에 바람이 많이 불어 비행기가 못 내릴 예정입니다. 스플리트에 내릴 거예요."
여권과 티켓을 건네주며 툭 내뱉은 말이라 하마터면 인사하고 뒤돌아설 뻔했다. 두브로브니크란 곳도 몇 시간 전에 알게 된 곳인데 스플리트는 또 어디란 말인가?

"진짜요? 스플리트에서 두브로브니크는 어떻게 가요?"

"아마 버스로 갈 거예요."

"얼마나 걸리는데요?"

"대략 네 시간 반 정도요."

자그레브에서 두브로브니크까지 가는 데 걸리는 비행 시간은 고작 50분이다. 그런데 스플리트라는 곳에 내려서 다시 버스로 네 시간 반이나 가야 한다면, 어림잡아도 여덟 시간은 걸릴 것이다. 날씨 때문이라는 말에 더 이상 물어보지도 못하고 발걸음을 돌렸다.

평소 운이 좋은 편이라고 믿었던 나지만 이번에는 보기 좋게 운을 비껴갔다. 이륙할 때만 해도 기장님은 상황을 보고 두브로브니크에 착륙하겠다고 방송했으나, 이륙하고 20분도 안 돼 강한 바람으로 스플리트에 착륙하겠다는 방송이 나왔다. 다행히 항공사 측에서 두브로브니크까지 가는 버스를 마련해 주었고, 버스 여행이 시작됐다.

버스로 이동하는 시간이 긴 이유는 크로아티아 국토가 세로로 긴 형태이기 때문이다. 중간에 보스니아 헤르체고비나 국가가 스플리트와 두브로브니크 사이의 영토를 갈라놓아 두브로브니크가 마치 섬처럼 떨어진 모습을 하고 있다. 이런 이유로 버스로 국경을 두 번이나 지나게 되는 상황이 발생한다. 짐 검사와 여권 검사까지 철저하게 하는 바람에 도착 시간은 더욱 늦어졌다. 불행 중 다행으로 버스는 해안도로로 달렸기에 아름다운 크로아티아의 바다 풍경을 감상하기에는 더없이 좋은 시간이었다. 넘치는 시간에 풍경을 감상하며 밀린 일기도 쓰고 멀리 지평선을 바라보며 생각에 잠기기도 했다.

시간이 지날수록 버스 차창 밖으로 황금빛 노을이 지기 시작했고, 노을은 이내 차디찬 바다색처럼 어둡고 짙은 파란색으로 변했다. 이윽고 완전히 깜깜해지고 나서야 두브로브니크에 도착했다. 어찌 된 일인지 두브로브니크는 언제 그랬냐는 듯 바람 한 점 없이 고요했다.

내가 배낭여행을 간 시기는 3월과 4월이었다. 유럽 날씨의 변덕을 알지 못했던 나는 화사한 색의 얇은 옷들을 주로 챙겨갔다. 그런데 유럽에 도착했던 파리에서부터 날씨는 내 예상과는 달랐다. 폭우가 계속 쏟아져 가지고 온 옷을 모두 겹쳐 입어야만 했다. 혹시 몰라 챙겨왔던 핫팩을 하루에 한 개씩 뜯으며 아주 요긴하게 사용했다. 뮌헨에서는 태풍급의 비바람이 불어 두꺼운 기모 후드티를 사기도 했다.

그런데 크로아티아로 넘어오자 언제 그랬냐는 듯 강렬한 햇빛이 내리쬐었다. 선글라스가 필요할 정도였다. 해변에는 비키니를 입고 선탠하는 사람들로 넘쳐났다. 앞으로는 지금처럼 햇살 가득한 따뜻한 날들만 계속되리라 기대했던 나는 크로아티아의 마지막 여행지인 자그레브에서 호되게 당하고 말았다.

그날은 맑은 호수가 있는 플리트비체를 가기로 한 날이었다. 숙소를 나설 때까지만 해도 날이 흐리기만 했는데, 플리트비체에 가까워지자 제법 굵은 빗방울로 변했다. 서둘러 구경하고 나오기 위해 막 입장하려던 순간 매표소 직원이 태풍이 예상되니 정해진 시간에 배를 타고 나오라고 당부했다.

두브로브니크로 가는 버스에서 본 풍경. 자연이 주는 선물 앞에서는 아무런 수식어가 필요 없다

플리트비체는 관광객들이 갈 수 있는 코스가 여러 개 있는데, 그중 내가 갔던 코스는 중간에 배를 타고 돌아오는 거였다. 태풍이 오면 일찍 배가 끊겨서 정해진 시간 내에 꼭 배를 타고 나와야 했다. 배를 놓치면 플리트비체에 갇힐 수도 있었다.

플리트비체에 들어가서는 깨끗한 공기와 가슴이 뻥 뚫리는 시원한 폭포 소리를 들으며 길을 따라 걸었다. 그런데 시간이 지날수록 바람이 심상치 않았다. 더구나 비는 눈으로, 그리고 다시 우박으로 바뀌었다. 행여나 배를 놓칠까 봐 계속해서 시간을 확인하며 쏟아지는 우박 속에서 간신히 배에 올라탔다. 플리트비체를 나올 때쯤 보니 눈과 우박이 쌓여 발목까지 올라왔다. 눈보라를 뚫고 서둘러 숙소로 향했다. 그런데 황당하게도 자그레브로 도착했더니 언제 그랬냐는 듯 해가 쨍쨍했다.

이어진 여행에서도 변덕스러운 날씨는 계속됐다. 남프랑스에서는 반소매, 반바지로 해변에서 조깅을 즐겼지만, 스페인과 포르투갈에서는 우박과 폭우를 만났다. 일기예보와는 상관없이 우산은 필수품이어서, 하루에도 몇 번씩 우산을 접고 펴기를 반복했다.

평소와 똑같은 일상이지만, 날씨에 따라 분위기가 180도 달라지는 경험을 하는 것도 여행에서 찾은 작은 재미였다. 변화무쌍했던 날씨 덕분에 여행의 색깔은 더 다채로워졌다.

끝날 때까지 끝난 게 아니다

모든 여행이 그렇듯이 여행 첫날에는 아득히 먼 일로만 생각했던 마지막 날이 성큼 다가오게 마련이다. 귀국 편 항공기는 리스본에서 마드리드로 이동한 후, 마드리드 공항에서 5시간 경유한 다음 인천행 비행기를 탈 예정이었다. 공항에서 경유하는 5시간의 지루함을 어떻게 달랠지 고민하며 리스본 공항에 도착했다. 이른 체크인으로 좌석 지정도 되지 않은 상태로 표를 받았다. 보안 검색대를 통과하고 게이트를 확인하기 위해 전광판을 확인하니 내가 탈 비행기가 한 시간 연착될 예정이라는 문구가 나왔다.

그런데 한 시간이 지나자 다시 두 시간이 연착된다는 공지가 떴다. 당황했지만, 시간을 따져보니 더 이상의 연착만 없다면 아슬아슬하게 연결 편을 탈 수 있었다. 다행히 더 이상의 연착 없이 총 3시간 20분이 지난 뒤에야 비행기가 이륙했다. 국제선은 비행기 출발 40분 전에는 항공사 카운터에서 티켓팅을 마쳐야 한다. 카운터만 멀지 않다면 착륙 후 한 시간이라는 여유가 있어서 충분히 환승이 가능하다는 데 생각이 미치자 편안한 마음으로 비행을 즐길 수 있었다.

이윽고 마드리드 공항 도착을 알리는 방송이 들렸다. 정확한 시간을 확인하기 위해 휴대폰 전원을 다시 켠 순간, 중요한 사실을 잊고 있었다는 것을 깨달았다. 리스본과 마드리드 사이에는 한 시간의 시차가 있었던 것이다. 워낙 짧은 비행 시간 탓에 시차가 있으리라 의심조차 안 했기에 한 시간 앞당겨진 마드리드의 시간을 보는 순간 사고가 멈춰버리고 말았다. 그러나 미련을 버리지 못한 나는 비행기가 예상 도착 시간보다 일찍 도착한 탓에 35분 정도의 시간이 남아 있어 혹시나 하는 마음으로 캐리어를 들고 카운터로 뛰기 시작했다. 전력 질주로 뛰어 도착했지만 이미 카운터는 닫힌 상태였다. 이제는 정말 선택의 여지 없이 마드리드에서 하루를 더 지내야 했다.

허탈한 마음도 잠시, 이왕 이렇게 된 것 빨리 상황을 받아들이고 1분이라도 더 보너스 여행을 즐기기로 마음을 먹었다. 그렇게 생각하자 이상하게도 갑자기 주어진 보너스 여행에 미소가 지어졌다. 이미 시간은 저녁 8시가 넘어가고 있어서 어두워지기 시작했다. 공항 한쪽에 자리를 잡고 숙소를 검색하기 시작했다. 다음 날 인천행 비행기는 오후 출발이었기 때문에 마드리드 시내에 있는 숙소로 정했다. 이미 리스본 공항에서 남은 현금을 모두 써버렸기에 비싼 수수료를 내고 ATM기에서 현금을 인출했다. 인출한 현금으로 대중교통 금액을 지불하고 시내로 향하는 공항버스에 올라탔다.

버스를 타고 이동하며 미리 봐둔 숙소를 예약하려는 찰나 조금 전까지만 해도 남아 있던 객실이 마감되고 말았다. 당황스러울 겨를도 없이 엄청난 집중력으로 급하게 시내의 다른 숙소를 알아보고 서둘러 결제까지 끝냈다. 이어서 숙소 주소를 검색해 보니 바로 도착하는 정류장에서 하차해야 한다는 사실을 깨달았다. 숨 돌릴 시간도 없이 급하게 짐칸에서 캐리어를 꺼내 내렸다.

정류장에 내려 주위를 둘러봤다. 캐리어와 함께 멀뚱멀뚱 서 있는 나를 제외하고 엄청난 인파가 서로를 가로질러 걸어다니고 있었다. 마침 내린 곳이 마드리드 시민들의 약속 장소인 '푸에르타 델 솔'이었던 것이다. '솔 광장'이라고 불리는 이곳은 태양의 문이라는 뜻으로 그야말로 넓은 광장이다. 바쁘게 오고 가는 사람들로 빼곡한 곳이다. 잠시 멍하니 그들을 바라보면서 마드리드에 도착한 것을 실감했다. 숙소까지 가는 동안 무거운 짐을 끌고 사람들을 헤치며 걸어가면서 혹시 소매치기를 당할지도 모른다는 걱정을 안고 걸음을 재촉했다.

체크인하고 나서 방으로 들어오니 그제야 긴장이 풀렸다. 온몸은 땀으로 젖어 있었고, 긴장으로 잔뜩 움츠려 있던 어깨는 그제야 통증을 호소했다. 씻을 기운도 없어 그대로 침대에 누워버렸다. 불현듯 지금쯤 인천행 비행기를 타고 있어야 할 내가 마드리드 숙소 침대에 누워 있다는 사실이 믿기지 않았다. 웃어야 할지 울어야 할지 모르는 상황이었지만, 괜스레 웃음이 터져나왔다.

'반가워, 마드리드! 이렇게 만나게 될 줄은 몰랐는데 하루만 더 있다 갈게!'

Gate 2

여행의 색깔을 풍성하게 해준 소중한 인연들

특별한 추억을 만들어준 부다페스트의 인연

여행이 끝나고 돌아보면 기억에 유독 남는 것들이 있다. 유명한 건축물이나 멋진 풍경, 맛있는 음식보다 더 기억에 남는 것은 여행지에서 재미있었던 에피소드다. 일상생활에서 문득 여행과 관련된 음악이나 사진, 아니면 단순히 여행을 생각하는 것만으로도 그 일이 떠올라 나도 모르게 피식 웃음이 터지게 만드는 그런 기억들 말이다. 일상으로 돌아온 나에게 여행이 꿈이 아니었음을 일깨워주는 활력소 같은 에피소드들이다. 그리고 그 에피소드의 중심에는 여행에서 만난 사람이 있다.

첫 번째 인연은 부다페스트에서 시작됐다. 부다페스트에 가본 사람이라면 이 도시의 진짜 매력은 저녁 7시부터 시작한다는 말에 공감할 것이다. 자타 공인 전 세계에서 야경이 가장 아름다운 도시로 손꼽히기 때문이다. 도나우강 건너편에 웅장하고 화려하게 빛나는 헝가리의 국회의사당에서부터 부다페스트의 야경이 파노라마처럼 펼쳐지는 겔레

유람선에서 바라본 국회의사당 모습과 어부의 요새

르트 언덕, 그리고 개인적으로 가장 좋아하는 장소인 어부의 요새가 있다. 도나우강에 거울처럼 반사되는 화려한 조명들은 마치 데칼코마니 기법으로 찍어놓은 것처럼 신비롭다. 가만히 감상하고 있으면 그 속으로 빨려 들어갈 것만 같은 기분이 든다.

어부의 요새에서 야경을 구경하고 있을 때였다. 한쪽 옆에 소위 '인증샷 명소'라고 불리는 곳에 한국인들이 사진을 찍기 위해 몰려 있는 것이 보였다. 그런데 왠지 낯익은 목소리가 들려서 조금 더 가까이 다가가 봤다.
"사무장님?"
얼굴을 보자 확신이 들었다. 처음 입사했던 10년 전, 막내였던 나를 잘 챙겨주었던 선배였다. 많은 시간이 흘렀지만 단번에 나를 기억해낸 선배와 반가움의 포옹을 했다. 선배는 휴가를 받아 오스트리아 빈으로 여행을 왔다가 부다페스트에 잠시 놀러 온 것이었다. 지구 반 바퀴를 돌아도 만날 사람은 만나게 되어 있다는 말이 괜히 나온 게 아니라는 생각이 들었다. 생각지도 못한 멀고 먼 타국에서 우연히 재회한 우리는 그렇게 한참을 반가워하며 대화를 나눴다.

Tip

추천! 부다페스트 여행 일정

겔레르트 언덕, 어부의 요새, 국회의사당 전경, 성 이슈트반 대성당, 세체니 다리, 도나우강

매너의 정석을 보여준 유럽의 신사들

유럽에서 캐리어를 들고 기차를 타야 하는 날에는 긴장을 많이 하게 된다. 유럽에는 수많은 계단과 울퉁불퉁한 돌바닥들이 즐비한데, 큰 사이즈의 캐리어를 들고 오르락내리락하는 것이 거의 극기 훈련 수준이기 때문이다. 게다가 파리의 지하철은 유독 계단이 많기로 악명이 높다.

뮌헨으로 가기 위해 파리의 기차역으로 가고 있을 때였다. 거의 도착할 때가 되니 이미 에너지는 바닥난 상태였다. 그러다 어느 계단 턱에서 캐리어를 높이 올리지 못해 바퀴가 고장 나버리는 최악의 상황이 벌어지고 말았다. 바퀴 없는 큰 캐리어를 맨바닥에 끌다시피 해서 가지고 온 나는 간신히 기차에 올라탔다. 설상가상으로 짐 보관 구역은 이미 다른 사람들의 캐리어로 가득 차 있었다. 내 고장난 캐리어가 들어갈 곳은 좌석 위 선반뿐이었다. 이미 에너지는 바닥난 지 오래였지만, 큰 캐리어를 선반 위에 올리는 것 외에는 방법이 없어서 잠시 숨을 고르고 있는 힘껏 캐리어를 들어 올렸다. 그러나 역시 무리였는지 휘청거리며 그만 중심을 잃고 말았다. 그 순간, 어떤 신사분이 벌떡 일어나 캐리어를 잡아주어 위기를 넘길 수 있었다. 하마터면 허리가 삐끗할 수도 있었던 일이었기에, 놀란 가슴을 쓸어내리며 영어로 감사의 인사를 건네려는 순간 유럽의 신사 입에서 익숙한 한국어가 흘러나왔다.
"괜찮으세요?"
약간 어눌했지만, 분명 한국말이었다. 깜짝 놀란 나는 영어로 대답해야 할지 한국어로 대답해야 할지 몰라 당황스러웠다.
"아, 네. 감사합니다."
다행히도 한국말로 한 대답을 알아들은 그분은 통로를 사이에 두고 나와 대화를 나누기 시작했다. 그는 약간 어눌했지만 아주 천천히 그리고 정확하게 본인의 이야기를 했다. 국적은 독일이지만 일본의 대학 교수인 그는 한국의 대학교에서도 몇 년 동안 근무한 이력이 있다며 명함을 보여주었다. 원래부터 동양 문화에 관심이 많았고, 지금은 일본, 한국 학생들과 출장차 독일에 왔다가 휴일을 이용해 근교 유럽의 도시를 혼자 여행하는 중이라고 했다. 뮌헨에 간다고 말했더니 맛집이나 관광지에 대한 정보를 알려주었다. 줄곧 혼자 다니다가 처음으로 한국말을 실컷 한 날이었다. 그런데 그 상대가 외국인이라니 이 대화가 정말이지 재미있어서 뮌헨에 도착할 때까지 좀처럼 수다를 멈추지 못했다. 기차가 목적지에 도착하자 그는 마지막 순간까지 신사의 자세로 캐리어를 선반에서 내려주었다.

물론 한국에도 매너 있는 남자들이 많지만, 유럽에서만큼 쉽게 만나기는 어렵다. 유럽 사람들은 어릴 적부터 매너와 배려가 몸에 배어 있는 듯 자연스럽다. 아마도 도와주고 싶은 마음은 같지만 표현하는 방법에 차이가 있는 게 아닐까. 여행하는 동안 심심치 않게 받았던 그들의 매너, 남에게 피해 주고 싶지 않은 사고방식에서 나온 배려의 행동들이 기분 좋은 추억을 많이 만들어주었다.

작은 뚜껑이 쏘아 올린 공

바퀴가 고장 난 캐리어는 쿨하게 포기하고 가장 작은 기내용 사이즈 캐리어를 하나 장만해서 최소한의 짐들만 갖고 끝까지 여행을 마쳤다. 여행에서 만난 사람들은 기내용 캐리어 하나로 여행하는 나를 보고 대단하다며 엄지를 치켜세웠다. 이제는 계단도 돌바닥도 무섭지 않아 캐리어를 들고 날아다닐 만큼 이동하는 데 도가 텄을 무렵, 마지막 여행지인 마드리드에 도착했다.

마드리드에서 보낸 보너스 하루는 생각보다 알찼다. 인천행 비행기는 저녁 8시 출발이었기 때문에 체크아웃 후 호텔에 짐을 맡기고 세계 3대 미술관인 프라도 미술관을 관람했다. 미술관과 시내 구경을 조금 일찍 마치고 안전하게 공항으로 출발하기 위해 호텔로 돌아왔다.

프라도 국립 미술관. 한국어 오디오도 준비돼 있다

나는 여행객으로 장거리 비행을 할 때면 수면유도제를 먹곤 한다. 그래서 이번에도 액체로 된 수면유도제를 챙겨왔지만 인천에서 출발할 땐 뚜껑이 열리지 않아 마시지 못했다. 유럽에서 한국으로 돌아갈 때는 꼭 뚜껑을 미리 열어놓아야겠다고 생각하고 있었다. 그런데 지상에서는 쉽게 열릴 거라고 생각했던 뚜껑이 열리지 않아서 호텔 카운터에 도움을 요청했다. 건장한 두 명의 남자는 의기양양한 목소리로 걱정하지 말고 앉아서 기다리라고 했다. 그러나 직원들의 얼굴이 빨개지도록 뚜껑은 열리지 않았고, 그들은 식당 직원들까지 불러 뚜껑 열기를 시도했다. 그야말로 작은 뚜껑이 쏘아 올린 공이었다. 부엌에서 칼, 가위 등 각종 도구가 등장하더니 체크인하던 손님까지 합세해서 5~6명의 남자가 뚜껑 열기에 힘을 쏟았다.

공항으로 가야 할 시간이 다가오자 어쩔 수 없이 택시를 불렀다. 얼굴이 벌게진 직원들이 택시 창문으로 미안하다는 말과 함께 열리지 않은 수면유도제를 건네줬다. 나는 오히려 이렇게까지 노력해 준 그들의 행동이 고마울 뿐이었다.

택시 기사님은 나이가 지긋한 분이었는데, 무슨 일인지 궁금해하는 기사님을 위해 바디랭귀지로 자초지종을 설명하자 기사님도 열어보겠다고 하셨다. 젊은 남성들도 실패한 일이라서 기대 없이 드렸는데 도로 신호가 걸릴 때마다 몇 번인가 시도하더니 갑자기 생각난 듯 주머니에서 맥가이버 칼을 꺼냈다. 칼의 등장과 함께 뚜껑은 바로 열렸고 나는 환호성을 질렀다. 기사님은 젊은 남자들도 다 실패한 일을 성공한 본인이 자랑스러웠는지 짧은 영어와 바디랭귀지를 총동원해 나에게 뭔가를 말하셨다. 기사님의 말을 대충 해석해 보면 이렇다.
"아까 그 젊은이들은 나보다 muscle이 많아. 나는 비록 그들보다 늙었지만, smart brain을 가져서 뚜껑을 열 수 있었지. muscle 100개보다 smart brain 하나가 더 낫지."
나는 기사님의 말에 공감하는 제스처를 취하며 그의 표정과 행동이 너무 재미있어서 공항에 도착하는 내내 한참을 웃었다. 그와 작별 인사를 하고 돌아서서 내 손에 들려 있는 수면유도제를 보자 이제 정말 여행이 끝났다는 생각을 했다. 한국으로 돌아가는 비행기를 타야 하는 시간인 것이다. 나를 위해 최선을 다해 노력해 준 그들 덕분에 비행기에서 깊은 잠에 빠졌다 일어나 보니 어느새 인천이었다.

유럽에서 만난 한식

유럽은 여행 시기에 따라서 여행자들의 유형이 달라진다. 학교가 방학인 시즌에는 중학생, 고등학생 자녀들과 함께 온 가족 단위 여행객들이 많고, 방학이 긴 대학생들은 여름, 겨울 방학 동안 길게 잡고 오는 편이며, 여름휴가 성수기 때는 짧은 일정으로 직장인들이 많이 온다. 그리고 내가 여행했던 3, 4월에는 백수들이 모인다. 이 시기는 비수기라 숙박료와 항공료가 저렴하고 관광객들도 몰리지 않아 여유롭게 돌아다닐 수 있다.

여행지나 게스트 하우스에서 대화를 나눴던 한국 사람들 열 명 중 아홉 명이 백수였다. 하지만 백수도 다 같은 백수는 아니었다. 백수도 급이 나뉘는데, 첫째는 이직이 확정되고 온 백수, 둘째는 전문 기술이 있어 돌아가서 직장을 찾기만 하면 취업이 가능한 백수, 셋째는 여행 후 본격적인 취업 준비 계획이 되어 있는 백수, 넷째는 직장이 너무 힘들어서 일단 사표를 던지고 온 백수, 마지막은 군대 가기 전 백수다.

이런 사람들은 여행을 대하는 태도가 조금씩 달랐다. 그도 그럴 것이 애매한 나이와 시간, 주변의 시선을 이기고 자기 돈을 투자해서 온 여행이라 이전의 가벼운 여행과는 사뭇 다르기 때문이다. 그들은 다들 여행을 통해 무언가를 얻거나 깨닫고 싶어 하는 여행자들이었다. 이렇게 각양각색의 상황에 부딪힌 백수들과 얘기를 나누다 보니 넷째 백수는 셋째 백수를, 셋째 백수는 둘째 백수를, 둘째 백수는 첫째 백수를 부러워한다는 것을 알 수 있었다. 그중에서도 여행에 대한 간절함이 가장 많이 느껴지는 백수는 군대 가기 전 백수다. 이들은 여행하는 내내 1분 1초를 값지게 보낸다.

빈에서 묵었던 호스텔에서 만나 우연히 얘기를 나눴던 사람도 마지막 백수였다. 유럽 여행의 특성상, 빈은 여행 후반기에 오는 곳인데, 그분 역시 한국으로 갈 날짜가 얼마 안 남았다며 햇반, 라면, 김치 통조림, 고추장, 고추 참치 등 남은 한식을 나누어주었다. 유럽에서 한식이나 한식 재료는 얼마든지 구할 수 있지만, 문제는 비싸다는 거였다. 마지막 여행지까지 여분의 돈을 아껴야 하는 여행자들에게 한식을 무료로 주겠다는 천사가 나타나니 호스텔은 금세 축제 분위기가 되었다. 고맙다는 인사에 쑥스러워하던 그는 "어차피 군대에 가져갈 수도 없는데요, 뭐!" 하며 답했다. 지금쯤 대한민국 어딘가에서 나라를 지키고 있을 그 청년의 마음 씀씀이가 새삼 고맙게 느껴진다.

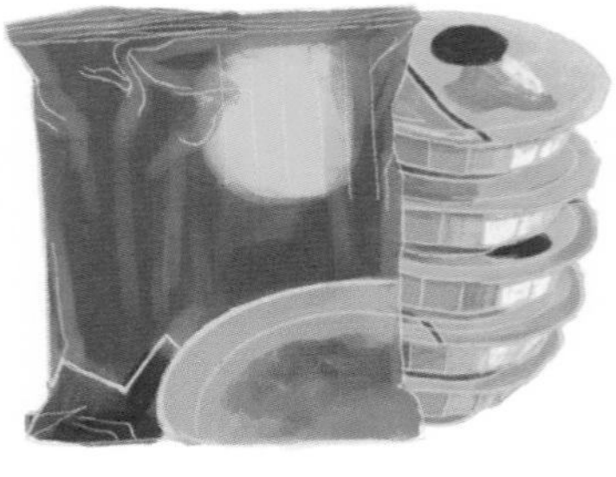

낯선 사람들이 만나 추억 한 페이지를 만든다

유럽 여행을 하면서 대중교통으로 가기 불편한 곳에 가고 싶을 때는 일일 투어를 신청하는 것이 좋다. 길을 잃어버리지는 않을까, 행여나 버스를 놓치지는 않을까 걱정하면서 여행하다가 편하게 차량, 식사, 관광을 제공해 주는 투어를 하다 보면 그날 하루만큼은 마음을 푹 놓고 투어에 집중할 수 있다. 또한 일일 투어를 하면 새로운 사람들을 만날 수 있다는 점도 좋다. 한인이 운영하는 숙박업소에 묵지 않는 이상, 한국 사람들과 어울릴 수 있는 기회는 많지 않다. 그러나 투어를 신청하면 새로운 사람들과 만날 수 있어서 장기간 혼자 여행을 하면서 느꼈던 외로움을 잠시나마 잊을 수 있다.

나는 프랑스 니스에서 근교 투어를 예약했다. 생폴드방스, 그라스, 앙티브, 칸을 다 둘러볼 수 있는 이 코스는 어릴 적부터 가지고 있던 남프랑스에 대한 로망을 실현할 기회였다. 숨만 쉬어도 달콤한 향수의 향기를 맡을 수 있을 것 같고, 길을 걸으면 예술적 영감이 절로 생길 것 같은 그런 곳이었다.

니스에 처음 도착한 날, 중국 대통령의 니스 방문으로 도로 곳곳이 통제되어 있었고, 대중교통이 다니지 않았다. 그러나 다행히도 투어를 신청한 날은 통제 마지막 날이라 투어를 진행할 수 있다고 했다. 이 날의 투어 인원은 각자 혼자 여행을 온 네 명의 여행자였다. 우연히 비슷한 또래의 여자들로만 구성되었기에 금방 친구처럼 지낼 수 있었다. 처음으로 찾아간 곳은 생폴드방스였는데, 르네상스 시대 때부터 많은 화가가 작품 활동을 했던 곳이다. 화가들이 사랑한 마을답게 구석구석 예술

가의 흔적이 묻어 있었고, 골목 사이사이에 화가들의 작품들을 판매하는 갤러리들이 있었다.

다음으로 이동한 앙티브는 요트를 즐기는 사람들이 많은 아름다운 해안 마을이었다. 이곳에서는 피카소 박물관에 들러 피카소의 작품을 감상했다. 점심을 먹은 후에는 향수를 처음으로 상업화한 도시이자 최초의 조향사가 탄생한 그라스로 갔다. 마을 전체가 기분 좋은 향으로 가득 차 있었다.

이 날 투어의 마지막 종착지는 영화제로 유명한 칸이었다. 마지막 여행지인 칸에 도착할 때쯤에는 모두가 친해져 편하게 웃고 떠들었다. 비록 하루였지만, 유독 마음이 맞는 또래 친구들을 만나서인지 칸이 마지막 여행지라는 것이 아쉽게 느껴질 정도였다. 아쉬운 마음을 달래기 위해 칸 해변 앞에 위치한 펍에서 맥주를 마시며 시간을 보내고 니스로 향했다.

칸에서 니스까지는 자동차로 대략 40분 정도 소요된다. 그런데 어찌 된 일인지 칸을 출발하자마자 꽉 막힌 도로에서 차는 도통 움직일 생각을 하지 않았다. 처음에는 그저 웃으며 얘기하던 우리는 점점 심각한 표정과 함께 말이 없어지기 시작했다. 다들 아까 마셨던 맥주로 인해 급하게 생리 현상을 해결해야 했기 때문이다. 한 시간이 지나도록 절반도 채 가지 못한 상태였다. 실시간 교통량을 반영한 내비게이션에서는 앞으로 한 시간 반이 더 소요될 예정이라는 야속한 안내만 반복되었다. 그중에서도 가장 화장실이 급했던 나는 이미 인내심이 바닥나고 있었다. 생리적 욕구가 충족되지 않으면 그 다음 단계로 넘어갈 수 없다는 매슬로의 욕구 5단계 이론이 절실하게 와닿는 순간이었다. 극한의 정신력으로 버티던 중 도저히 니스 시내까지 버틸 수 없어 공항에 잠시 들러 화장실에 다녀오기로 했다. 그러나 공항까지도 아직 50분이라는 긴 시간이 남아 있었다.

지금은 웃으면서 말할 수 있지만, 그 당시의 50분은 인생에서 가장 긴 시간이었다. 만약 이 시간을 견디고 참아서 공항까지 갈 수만 있다면, 힘들 때마다 이때를 생각해야겠다고 다짐했다. 어떻게 버텼는지 모를 기나긴 50분이 지나고 정신이 아득해지기 직전 드디어 공항에 도착했다. 맥주의 여파 때문인지 모두들 급하게 화장실로 향했다. 화장실에 다녀오고 나서야 우리는 아까처럼 다시 웃으면서 대화를 나눌 수 있었다.

니스에 도착하니 원래 투어 종료 시각보다 세 시간이나 지나 있었지만 좋은 사람들과 했던 투어여서 그런지 전혀 피곤하다는 생각이 들지 않았다. 지금은 각자 니스, 몽펠리에, 제주도, 서울로 돌아갔지만, 지금까지도 그때의 일을 웃으며 얘기하는 좋은 인연이 되었다.

고민이 있어도 행복을 느껴야 하는 순간은 얼마든지 있다

포르투갈에서도 리스본 투어를 신청했다. 대중교통으로는 가기 힘든 리스본 근교를 둘러보는 투어였는데, 경치가 좋기로 유명한 신트라, 호카곶, 카스카이스까지 하루 만에 둘러보는 코스였다. 이번 투어 역시 여자들로 구성된 소규모 투어였다. 연령대와 공통사가 비슷했던 니스 투어와 달리 각자의 상황이 달라도 너무 다른 다섯 명의 여자가 모였다. 30대 중반의 컴퓨터 디자인 일을 하는 회사원, 스위스 교환학생으로 와 있는 스물한 살의 여대생, 두바이에 거주하고 있는 모녀, 그리고 나였다. 나이, 직업, 관심 분야, 거주지 등 모든 것이 달라서인지 투어가 진행되는 동안 서로의 이야기에 흥미를 갖고 집중해서 들었다. 결론적으로 우리는 서로가 원하는 이상향의 모습을 갖춘 사람들이지만 각자의 고민을 가진 사람들이었다.

두바이에서 온 모녀는 중학생 딸과 엄마였는데, 주재원으로 근무하는 아버지를 따라 두바이에 와 있었다. 모든 엄마의 마음이 그러하듯이 딸

고민과 걱정은 저 탁 트인 바다에 다 던져버려도 좋다. 보는 것만으로도 행복해지는 카스카이스의 해변

등대가 인상적이었던 호카곶

의 성적 때문에 걱정이 많은 엄마는 딸이 조금 더 열심히 공부해서 해외의 좋은 대학에 들어가면 좋겠다는 바람이 있었다.

그러나 정작 국내 명문대에 다니는 스물한 살 여대생은 자퇴를 생각하고 있었다. 그녀는 고등학교 때 입시제도가 싫어서 자퇴하고 검정고시로 좋은 대학교에 들어갔는데, 대학교에서도 여전한 경쟁과 성적 중심 환경에 좌절하고 교환학생으로 스위스에 온 경우였다. 그녀는 자퇴를 할지, 아니면 학교를 계속 다닐지 고민 중이었다.

중학생 친구의 고민은 공부에 대한 엄마와의 갈등에 있었다. 아이는 엄마가 원하는 기준이 너무 높아서 불만이었다. 또한 한국의 정서를 가진 엄마와 달리 아이는 외국에서 자라며 국제 학교에서 학창 시절을 보냈기 때문에 외국인 친구들은 많은 시간을 공부하지 않는다고 말했다. 일찍부터 진로를 정하는 친구들을 보며, 대학을 위한 공부보다는 꿈을 위한 공부를 하고 싶다는 아이의 마음도 충분히 이해가 갔다. 아이의 장래희망은 스튜어디스였다. 어린 학생이 보기에 꿈을 이룬 나는 아무 고민이 없을 것으로 보인다고 했다. 하지만 나 역시 모든 직장인이 느끼는 인간관계와 사회생활, 그리고 자기 발전 등의 고민을 가지고 있다.

또 다른 여행객은 30대 중반의 커리어우먼이었다. 전문적인 능력을 인정받아 원하는 회사로부터 스카우트 제의를 받았고, 본격적으로 이직

동화 속처럼 아기자기한 신트라 거리

하기 전에 여행을 왔다고 했다. 그러나 10년 이상의 경력이 있는 커리어우먼에게도 사회생활에 대한 고민이 많았다. 30대 후반으로 갈수록 미혼 여성이 느끼는 시선에 대한 고민도 있었다. 나는 그때쯤이면 사회생활이나 업무에 대한 고민이 없을 줄 알았는데, 그런 것도 아니었다.

이렇게 서로의 이야기와 상황을 말하며 깨달은 게 있다. 우리는 서로가 서로처럼 되고 싶어 하고, 우리 다섯 명 안에는 서로가 원하는 미래의 모습이 담겨 있지만, 꿈을 꾸는 사람도, 이룬 사람도 모두 자신만의 고민이 있다는 것이다.

대한민국에 살고 있는 이상, 어릴 적부터 '대학만 가면 잘될 거야', '좋은 직장만 들어가면 문제없어', '결혼만 하면 해피엔딩이지'라는 말을 들으며 인생의 목표를 끊임없이 업데이트한다. 마치 그 이후의 삶은 없는 것처럼 말이다. 하지만 현실에서도 우리의 삶은 항상 '진행형'이다. 실패하든 성공하든 죽기 전까지 희로애락이 반복된다. 엄마는 딸이 열심히 공부해서 좋은 대학에 가기를 바라지만, 좋은 대학에 다니는 친구는 자퇴하고 싶어 한다. 사춘기 소녀의 장래희망은 스튜어디스지만, 소녀의 꿈을 이룬 나는 여전히 고민이 많다. 내공이 쌓이면 직장 생활의 고민이 없어지리라 생각했지만, 여전히 어렵고 힘들다는 언니의 고민에서 내 생각이 잘못되었음을 깨달았다.

그렇다면 오지도 않을 걱정 없는 그날을 기다리며 사는 것은 의미가 없다. 인생은 눈부신 어느 찰나의 순간보다 실패하고 고민하는 방황의 시간이 더 많은 부분을 차지한다. 인생의 대부분을 고민에 얽매여 살고 싶지 않다면 고민과 행복을 별개의 감정으로 분리하면 된다. 고민이 있어도 행복을 느낄 수 있는 순간은 얼마든지 존재하기 때문이다. 정겹게 인사를 건네는 아래층 소녀의 모습에서, 가을이 찾아온 시원한 저녁 공기에서, 손수 도토리를 주워 묵을 만들어주시는 할머니의 손에서 모든 순간마다 행복을 느껴야겠다.

Tip

추천! 리스본 여행 일정

신트라(헤갈레이라 별장, 신트라마을, 페나성), 아자냐시두말, 호카곶, 카스카이스(긴쇼 비치, 카스카이스 시내), 리스본 타임아웃 마켓

추천! 프랑스 남부 여행 일정

니스, 생폴드방스, 그라스, 앙티브, 칸, 에즈 / 모나코

Gate 3

해외로 떠나는 이유가 충분한 '나의 미식 여행기'

땅에 떨어진 빵도 맛있는 그곳, 프랑스

어떻게 하면 더 잘 먹을 수 있는지에 대한 관심은 세계 공통적이다. 유튜브 먹방 시장은 점점 커지고 있고, 사람들은 SNS로 맛있는 음식 사진을 찍어 올리느라 바쁘다. 하다못해 이제는 먹는 소리조차 관심과 호응을 받는다. 먹는 행위는 미각을 느끼는 데서 끝나는 게 아니라 시각, 청각, 후각 등 모든 감각을 동원해 음식을 즐기는 행위이다.

역사의 일정 기간 다른 나라보다 상대적으로 부유했던 유럽은 식사와 음료 문화가 발달되어 있다. 특히 프랑스와 이탈리아를 중심으로 발전한 서양의 식음료 문화는 한상 차림의 한식과는 다르게 코스를 기본으로 한다.

내가 유럽 배낭여행에서 경험해 보고 싶었던 것 중 하나가 유럽 본토의 식음료를 직접 체험해 보는 것이었다. 그래서 평소에는 한식을 즐겨 먹지만 유럽에서만큼은 양식과 와인, 생맥주를 원없이 즐기고 왔다. 음식은 맛있었고, 품질 좋은 와인은 저렴했으며, 생맥주는 물보다도 쌌다.

프랑스의 크루아상, 이탈리아의 피자와 파스타

항공기 승무원으로 업무를 수행하기 전에 식음료에 대한 교육을 받는다. 상위 클래스로 올라갈수록 제공되는 코스와 서비스가 많아지므로 서비스하는 사람으로서 식음료에 대한 기본 지식을 갖추고 있어야 하기 때문이다. 처음에는 완전히 생소했던 부분이라 영어도 아닌 낯선 용어들을 제대로 읽는 것조차 힘들었다. 하지만 공부와 시험을 통해 용어에 점점 익숙해지고 직접 서비스를 할수록 더 알고 싶다는 생각이 들었다. 아무것도 몰랐을 때는 보면서도 알지 못했지만, 알고 나니 글을 깨우친 사람처럼 식음료에 대한 신세계가 열렸다. 아직은 미약한 지식이지만, 배우고 서비스했던 것들을 현지에서 직접 체험해 보는 것이 나에게는 큰 의미이자 재미였다.

서양 음식의 정석이라 하면 프랑스와 이탈리아가 떠오를 것이다. 서유럽의 대표적인 국가인 프랑스와 이탈리아는 와인과 빵이 맛있기로 유명하다. 우스갯소리로 '프랑스에서는 땅에 떨어진 빵을 주워먹어도 맛있다.'라는 말이 있다. 나는 이 농담이 어느 정도 사실을 기반으로 한다고 생각한다. 프랑스에서는 시골 동네의 아무 카페나 들어가서 크루아상을 먹어도 실패한 적이 없다. 평소 크루아상을 좋아하지 않는데, 프랑스의 한 시골 마을 빵집에서 우연히 먹고는 그 매력에 빠지게 되었다. 고소한 버터향을 따라가면 오동통한 자태가 시선을 빼앗는다. 무의식중에 내 손이 크루아상에 절로 뻗어지는데, 손이 움직이는 대로 결따라 찢어지는 크루아상의 속은 매우 촉촉하다. 어찌나 맛있는지 평소에 잘 마시지 않던 커피를 찾게 되는 마법 같은 맛이다.

프랑스 식당에서 먹었던 요리와 메뉴판

한국에서 빵을 많이 먹으면 속이 더부룩한 경우가 있는데, 여기에서는 식사 대신으로 빵을 먹거나 혹은 식사 전에 입맛을 돋우기 위해 식전 빵을 먹는 것이 일반적이어서 그런지 아무리 많이 먹어도 속이 더부룩하지 않았다. 식당에서도 물은 유료지만 빵은 무료로 나오는 곳이 많은 만큼 여행하면서 흔하게 먹게 되는 것이 빵이다. 추측해 보면 유럽에서의 빵은 우리나라의 쌀과 같은 주식이라 방부제도 넣지 않고 조미된 맛도 없어 자극적이지 않고 담백하며 소화가 잘되는 것 같다.

이탈리아는 빵보다 피자 도우가 맛있는 나라다. 도우가 워낙 맛있어서 그런지 이탈리아 피자는 다 맛있다. 이탈리아의 음식점 메뉴판은 다른 유럽과 달리 두꺼운 책처럼 메뉴가 빼곡히 적혀 있다. 메뉴판을 자세히 보면 피자, 파스타, 스테이크 등 메인 디쉬로 나누어지고, 그 아래로 토핑이나 사이드에 따라 메뉴 이름이 달라지기 때문에 메뉴판이 두꺼워지는 것이다. 들어가는 토핑 종류만 해도 빼곡하게 적혀 있어 이탈리아 메뉴판을 보면 현기증이 날 정도다. 결국, 종업원에게 맛있는 피자를 추천받아 시킬 수밖에 없는데, 그렇게 하면 실패할 염려가 없다.

이탈리아의 요리사들은 마치 도우 위에 그림을 그리는 화가 같다. 정해진 재료를 사용해서 하얀 도우 위에 자신만의 예술 작품을 만든다. 같은 재료를 사용하더라도 어느 곳에 얼마만큼 토핑을 놓는지에 따라 맛이 완전히 달라지는데, 피자를 한 입 베어 무는 그 범위 안에 짜지도 싱겁지도 않을 정도의 토핑을 올려놓아 기막힌 맛을 연출해 낸다.

이탈리아에서는 파스타도 맛보아야 한다. 나는 크림소스로 만든 카르보나라 파스타를 제일 좋아하는데, 이탈리아 현지에서 맛본 카르보나라 파스타는 그 맛이 약간 달랐다. 하얀 소스가 넉넉하게 면을 적시고 있는 이미지를 상상했다면 현지에서 보고 실망할 수도 있다. 이탈리아의 카르보나라는 달걀 노른자만 사용해 목이 멜 정도로 꾸덕꾸덕한 것

비주얼만으로도 더 이상 말이 필요없는 이탈리아의 피자와 담백한 맛이 장점인 파스타

이 특징이다. 언뜻 보기엔 소스 없이 노란 파스타 면만 있는 것처럼 보이기도 한다.

당황스러운 카르보나라의 생김새를 뒤로하고 포크로 면을 돌돌 말아 한 입 먹자 노른자가 품고 있는 진한 고소함이 입안 가득 퍼졌다. 잘게 썰린 짭짜름한 베이컨 조각과 함께 먹으니 적절한 간이 섞여 행복한 미소가 절로 나오게 된다. 파스타면을 다 삼킬 때쯤에는 후추 향이 코끝을 강하게 때리는데, 통후추를 갈아서 뿌렸기 때문에 후추의 생생한 맛을 느낄 수 있다. 첫 맛과 끝 맛의 순서 배합이 잘 맞는, 기승전결이 좋은 음식이다.

프랑스와 이탈리아에서 즐겼던 '식사'는 단순히 배를 채우거나 먹는 행위를 뜻하는 것이 아니었다. 인간의 가장 기본적인 욕구인 식욕에서 예술과 행복을 찾았던 그들에게 '식사'는 삶을 즐기는 그들의 방식이라 할 수 있다.

맥주와 와인의 천국, 유럽

'There is always something happening around a beer.'
암스테르담의 하이네켄 박물관에 적혀 있는 문구다. 유럽 여행을 하다 보면 서양인들이 햇빛이 잘 드는 야외나 테라스 테이블에 앉아 있는 모습을 자주 볼 수 있다. 그들의 테이블 위에 항상 놓여 있는 것이 있는데, 바로 '술'이다. 그들은 점심을 먹으면서 술을 마시고 브런치를 할 때도 술을 곁들인다. '낮술은 부모도 못 알아본다.'라는 속담이 있는 우리나라 정서에서 볼 때는 익숙하지 않은 광경이다. 그러나 술을 좋아하는 나에게는 시간에 상관없이 술을 마셔도 이상하지 않은 유럽이 그야말로 천국이었다. 게다가 현지 식료품점에서는 저렴한 가격으로 고퀄리티의 와인을 구입할 수 있다.

독일, 체코, 헝가리는 생맥주가 다른 음료보다 저렴하다. 심지어 물보다도 싸다. 항상 돈을 아껴야 하는 배낭여행자로서 물보다 저렴한 맥주가 있다는 것은 맥주를 시킬 수 있는 좋은 핑계가 되어주었다. 특히 나는 유럽 여행을 전후로 하여 흑맥주를 다시 평가하게 되었다. 흑맥주 특유의 맛 때문에 한국에서는 즐겨 마시지 않았는데, 프라하에서 흑맥주를 마시게 된 뒤로는 생각이 완전히 바뀌었다.

독일 뮌헨에서부터 체코 프라하로 이동할 때까지 동선이 계속 겹치는 바람에 친해지게 된 동생이 있는데, 그는 한국에서 직접 양조해 마실 정도로 맥주를 좋아했다. 이번 유럽 여행의 목표가 '모든 종류의 맥주를 다 마셔보는 것'이라고 할 정도다. 파리에서 에펠탑을 안 봐도 상관없고, 프라하에서 카를교를 안 봐도 좋으니 맥주만큼은 종류대로 다 마시고 가겠다는 것이 여행의 목표인 친구였다.

몇 명의 사람들이 함께한 식사 자리에서 식당에 있는 모든 종류의 흑맥주를 한 입씩 마셔볼 기회가 생겼다. 코젤 다크로 유명한 프라하에서 처음으로 맛본 흑맥주는 거품이 부드러워 처음 입술에 닿을 때 생크림을 먹는 것 같다. 지릿한 맛은 전혀 없고 훈연된 향과 커피 원두의 향이 섞여 콤콤하게 코로 느껴졌다. 밀도가 낮은 탄산들이 목을 한껏 채워주며 시원하게 넘어가는 청량감이 좋았다. 평소 즐겨 먹던 라거 맥주보다 묵직하게 넘어가서 속이 뻥 뚫리는 시원한 느낌이 배로 느껴졌다.

와인 초보자도 맛있는 와인 고르는 법

독일, 체코, 헝가리에서 맥주를 마셨다면 프랑스, 이탈리아, 크로아티아, 스페인에서는 와인을 즐겼다. 프랑스와 이탈리아는 '와인'에서도 세계 최고의 라이벌 관계다. 한 예로, 내가 프랑스에서 웨이터에게 와인 추천을 부탁했더니 이탈리아 와인은 보지도 말고 프랑스 와인 중에서 고르면 무조건 맛있을 거라고 했다. 그리고 또 한번은 이탈리아 식당에서 와인을 추천해 달라고 했더니 프랑스 와인은 리스트에도 올리지 않았으니 어떤 것을 골라도 맛있을 것이라 말했다. 그만큼 두 나라 사람들의 와인에 대한 사랑과 자부심은 대단하다.

가장 다양한 품종의 와인을 만들고 대중적으로 알려진 와인은 프랑스와 이탈리아다. 한국에서 가격에 대한 부담 때문에 마셔보지 못했던 와인들도 현지 식료품점에서 2~3만 원이라는 저렴한 가격에 구입할 수 있다. 와인을 즐겨 마시기 시작한 지 얼마 되지 않은 풋내기일지라도, 다양하게 마셔보면 와인의 맛을 조금씩 알게 된다.

요즘은 코르크 없이 돌려서 열 수 있게 만드는 추세고, 편하게 즐길 수 있는 캐주얼한 와인도 많이 출시되고 있다. 이처럼 친근하게 다가가는 와인을 '신세계 와인'이라고 부르는 반면, 오랜 시간 동안 입지를 다져온 전통적인 와인을 '구세계 와인'이라고 부른다.

사람들과 친해지려는 와인의 노력에도 불구하고 와인에게는 친해지기 어려운 심리적 거리감이 있는 것도 사실이다. 멋지게 차려입은 소믈리에들이 와인을 살짝 혀끝에 대보고는 산도, 타닌, 바디, 알코올, 당도 그리고 맛과 향에 대해서 멋지게 말하지만, 나 역시 막상 와인을 마셔보면 그들의 의견에 공감할 수 없는 경우도 많다.

그래서 나는 언젠가부터 나만의 '테이스팅 노트'를 만들어 와인을 마실 때마다 간단히 기록해 둔다. 테이스팅 노트를 생각하며 마시면 와인의 맛을 더 깊이 느낄 수 있다. 처음에는 아무 생각 없이 마시다가도 마시다 보면 맛있는 와인과 맛없는 와인이 구분되기 시작한다. 좀 더 시간이 지나면 품종에 따라 맛이 달라지는 것을 알 수 있고, 그러다 생산지에 따라 다른 맛을 느끼는 경지에 이른다. 많이 마셔보고 생각할수록 와인에 대한 재미도 늘어난다. 물론 소믈리에들이 평가한 것과 내가 느낀 테이스팅 노트가 백 퍼센트 일치하진 않는다. 그러나 나에게 맛있게 느껴지는 와인을 골라 즐기면 된다고 생각한다. 와인의 맛이나 품종에 대해 나름대로 느껴보는 것은 와인을 더 재미있게 즐기기 위한 나만의 방법이다.

발 드 루아르 와인

와인을 즐기기 위한 또 다른 방법은 와인 라벨의 의미를 이해하는 것이다. 라벨의 뜻을 알고 나면 와인을 고르기가 쉬워진다. 표시되는 순서는 다르지만, 라벨에는 생산 국가, 지역, 빈티지, 알코올 함량, 용량, 등급, 품종 등이 표시되어 있다. 반드시 정해진 것은 아니어서 나라나 회사마다 조금씩 다를 수 있지만 와인의 기본 정보는 모두 라벨에 나와 있다.

이 화이트 와인은 내가 프랑스 남부에 위치한 휴양지 니스의 식료품점에서 산 것이다. 이 와인의 라벨을 예로 들면, VAL DE LOIRE(발 드 루아르)는 와인이 생산된 지방의 이름이며, 2016은 빈티지라고 하

스트라호프 수도원 양조장. 맥주를 좋아한다면 꼭 가봐야 하는 곳.
생긴 지 400년도 더 되었다

는데, 2016년에 수확된 포도로 만들었다는 것을 의미한다. 빈티지를 명시하는 이유는 그해의 날씨가 포도 품질에 영향을 미쳐 와인의 맛이 달라질 수 있기 때문이다. SAUMUR(소뮈르)는 생산된 지역을 뜻한다. 가장 아래 PRODUCT DE FRANCE는 프랑스가 원산지임을 의미한다. 아래 왼쪽과 오른쪽에는 각각 용량과 알코올 함량이 적혀 있다. 프랑스 와인은 대부분 라벨에 품종이 나와 있지 않지만, 라벨에 적힌 생산지를 보고 품종을 유추할 수 있다. 이 와인의 품종은 슈냉 블랑(Chenin Blanc)으로 소뮈르 지역 화이트 와인의 대표적인 품종이다.

지금까지 설명한 라벨의 정보들은 어느 정도 와인에 대한 지식이 있어야 알 수 있다. 예를 들어 슈냉 블랑의 품종을 이전에 접해 보고 맛있다는 것을 알아야지 이 와인의 라벨을 보고 소뮈르 지역에서 생산된 화이트 와인이니 자신의 취향이라는 것을 알 수 있는 것이다.

그러나 아직 다양한 와인을 접해 보지 못한 나와 같은 분들을 위해 와인 선택에서 실패하지 않는 방법을 추천하면 바로 와인 등급을 확인하는 것이다. 와인 등급은 나라마다 다르게 표기된다. 그중 가장 최상위 등급만 말하자면, 프랑스는 AOC, 이탈리아는 DOCG, 스페인은 DOCa, 독일은 Qmp를 사용한다. 이 와인도 오른쪽 위에 AOC라는 등급이 적혀 있다. 프

MERLOT
MERLOT
DUBRAVKA

랑스 정부 기관에서 인정한 최고 등급 AOC를 받은 와인이라는 뜻이다. 라벨에도 'APPELLATION SAUMUR CONTRôLÉE'라고 표시된 것이 보이는데, 가운데는 해당 와인의 지역 이름을 넣고 통칭 AOC로 줄여서 말한다. 만약 외국에서 와인을 사고 싶은데 처음 들어보는 지역이나 품종의 와인들만 있다면 각 나라의 최고 등급이 적혀 있는 와인을 고르는 것을 추천한다. 나 역시 소뮈르 지역의 와인, 슈냉 블랑 품종을 접해본 적이 없어서 단순히 AOC만 보고 골랐다. 인터넷 검색사이트에서 와인 라벨을 카메라로 스캔해서 원산지, 품종, 지역 등을 번역해 주는 기능을 이용하는 것도 좋다.

적당한 음주는 식사의 질을 높여주고, 사람들과 좋은 대화를 이어갈 수 있게 해준다. 식전, 식중, 식후에 어울리는 술을 골라보거나, 음식의 종류와 상황에 어울리는 술을 찾아보자.

Tip

* 나라별 와인 등급

	프랑스	이탈리아	독일	스페인	칠레	포르투갈
최상급	AOC	DOCG	QmP	DOC	GV	DOC
	VDQS	DOC	QbA	DO	VR	IPR
	VDP	IGT	Landwein	VdlT	VS	VR

추천! 프라하 여행 일정

스트라호프 수도원 양조장, 프라하 성, 레넌 벽, 카를교, 화약탑 프라하 구시청사, 근교 투어(체스키크롬로프, 할슈타트)

입맛 저격, 동유럽!

피쉬앤칩스, 학센 등 간이 센 튀긴 음식이 살짝 느끼해질 무렵 동유럽에 도착했다. 동유럽은 색다른 음식이 가득한 곳으로, 특히 체코와 헝가리 사람들은 후추와 고추의 매콤함을 아는 민족이다. 동유럽에서는 투어를 통해 만난 사람들과 식사를 함께 할 기회가 있어서 혼자 여행했던 다른 나라들에 비해 상대적으로 새롭고 다양한 음식을 먹어볼 수 있었다.

첫 번째로 도전해 본 음식은 거위 다리 요리이다. 거위는 난생처음 먹어보았는데 부드러운 살코기 맛이 일품이다. 다리 한 조각이지만 두 명이 먹어도 거뜬할 정도로 고기가 실했다. 고기 자체에 후추와 소금으로 간이 되어 있어 우려했던 고기 잡내는 느낄 수 없었다. 입속으로 들어가면 뼈와 살이 저절로 분리되어 사르르 녹았다. 먹고 나면 입술에 기름이 반들반들 묻어 나오는데, 자칫 느끼할 수 있는 맛을 잡아주는 것이 함께 나오는 적양배추이다. 거위 고기와 적양배추의 궁합은 환상적이다. 절인 피클처럼 새콤한 적양배추를 한 입 먹으면 입안 전체가 상큼해진다.

사실 거위 다리 요리를 추천한 것도, 사이드 음식이 절인 적양배추라는 것도 알려준 사람이 있다. 동유럽에서 사람들과 같이 식사하면서 알게 되었는데, 요리학과를 졸업한 후 중국과 일본에서 요식업을 하는 사람이었다. 그는 음식이 나오면 음식에 곁들여진 소스의 재료와 고기 부위, 요리법까지 말해 주었다. 무심코 지나쳤을 콩 한 조각도 한국에서는 먹기 힘든 재료라는 설명부터 양배추는 몇 분 동안 삶았는지에 대해서도 같이 고민하며 대화를 나눴다. 한 입을 먹을 때마다 맛을 느끼려고 노력했기 때문인지 그런 과정을 통해 미각이 풍부해졌다.

두 번째로 도전한 요리는 외국에서 보기 드문 육회 요리인 '소고기 타르타르'이다. 소고기 타르타르는 13세기 유럽 전역까지 세력을 떨쳤던 몽골의 영향을 받은 요리라고 보는 견해가 많다. 지금은 동유럽 사람 모두가 즐겨 먹는다. 우리나라 육회와 비슷하게 소고기를 잘게 다져 만든 소고기 타르타르는 향신료와 채소, 계란 노른자와 버무려져 나온다.

우리나라와 다른 점은 사이드로 생마늘 몇 조각과 겉면이 까칠까칠한 바게트가 조각으로 나온다는 것이다. 처음에 통째로 나온 생마늘을 보고 적잖게 당황했다. 모든 음식에 마늘이 들어가는 우리나라 사람들도 생마늘을 통으로 먹는 것은 힘든 일이기 때문이다. 이로 조금씩 잘라 먹던 우리는 그 모양새가 우스꽝스러워 아무래도 이상하다는 생각에 검색해 보았다. 아니나 다를까, 알고 보니 통마늘은 그대로 먹는 게 아니라 까칠까칠한 빵 표면에 갈 듯이 발라 먹어야 하는 것이었다. 그러면 말 그대로 마늘 향이 아주 풍부한 갈릭 바게트가 되는 것이다. 통마늘을 이로 잘라 먹으며 매워하던 우리는 그제야 깔깔 웃으며 인터넷에서 본 대로 빵 표면에 마늘을 발라 먹었다. 빵에 마늘 향을 입히니 그냥 먹었을 때보다 풍미가 몇 배는 좋았다. 그렇게 마늘 향을 입힌 빵 위에 육회를 올려놓고 한입에 먹었다. 우리가 알던 육회랑은 다른 이국적인 육회 맛이 났는데, 마늘 빵과 육회가 적절히 조화를 이루면서 별미를 느끼게 해주었다.

고기와 크림소스와 라즈베리 잼이 만난 스비치코바

추운 날, 수프 한 그릇의 위로

동유럽은 다른 유럽에 비해 겨울이 유난히 춥다. 추위에 시달릴 때마다 찾았던 음식이 '굴라쉬 수프'다. 처음 굴라쉬 수프를 한 입 먹었을 때 놀랍게도 육개장 맛이 났다. 그런데 굴라쉬 수프는 토마토로 만들어졌다. 토마토로 만들어진 수프에서 어떻게 한국의 얼큰한 육개장 맛이 나는지 미스터리한 일이 아닐 수 없다. 얼큰하면서도 속을 따뜻하게 해주지만 채소들과 함께 토마토가 씹힐 때면 유럽의 음식이라는 생각이 든다. 갑자기 내린 폭우에 온몸이 젖었던 날에도, 큰 일교차로 추위에 덜덜 떨었던 날에도 생각났던 음식이 굴라쉬 수프다.

마지막으로 도전해 본 요리는 체코 전통 음식인 '스비치코바'다. 스비치코바는 고소한 크림소스를 곁들여 소 등심으로 만든 고기 요리이다. 사이드로 떡의 식감과 비슷한 '체코식 찐빵'인 쫄깃한 빵이 함께 나온다. 고기와 빵을 포크에 찍고 크림소스를 발라 한입에 먹으면 된다. 체코의 여러 곳에서 스비치코바를 주문해서 먹어봤는데, 식당마다 소스와 빵의 맛이 다 달랐지만, 모두 맛있었다. 고기와 크림소스와 함께 라즈베리잼이 올려 나오는 식당도 있었는데, 의외로 이 조합이 가장 맛있었다.

이제는 외국에 나가지 않아도 세계의 다양한 음식들을 한국에서 접할 수 있다. 그러나 적어도 동유럽은 음식들에 관해선 아직 알려지지 않은 새로운 음식들이 많은 곳이다. 그리고 우리 입맛에 굉장히 잘 맞는다. 새롭고 맛있는 음식을 알게 된다는 것은 행복을 느낄 방법이 하나 더 늘었다는 것을 의미한다. 앞으로도 내가 몰랐던 전 세계의 맛있는 음식들을 얼마나 더 많이 만나게 될지 기대된다.

— 40 일 유럽 여행 루트 —

- ·1일 차 : 인천—파리, 베르사유 도착
- ·2일 차 : 베르사유 궁전, 에펠탑, 루브르 박물관
- ·3일 차 : 브뤼셀(오줌싸개 소년, 그랑플라스, 예술의 언덕, 벨기에 왕립 미술관, 생미셸 성당, EU본부)
- ·4일 차 : 파리—뮌헨, 신시청사 건물, 마리엔 광장, 프라우엔 교회, 성 미카엘 교회, 노이하우저 거리
- ·5일 차 : 알리안츠 아레나 경기장 투어, BMW 박물관
- ·6일 차 : 뮌헨—프라하, 스트라호프 수도원 양조장, 프라하 성, 카를교, 천문시계탑, 화약탑, 레닌벽
- ·7일 차 : 체스키크룸로프
- ·8일 차 : 프라하—빈, 벨베데레 궁전, 빈 시청사, 호프부르크 궁전, 그라벤 거리, 슈테판 대성당, 빈 국립 오페라 하우스
- ·9일 차 : 할슈타트
- ·10일 차 : 카페 자허, 빈—부다페스트
- ·11일 차 : 세체니 온천—도나우강 유람선 10번 선착장, 성 이슈트반 대성당, 야경 투어(겔레르트 언덕, 어부의 요새, 국회의사당 전경, 도나우강 다리)
- ·12일 차 : 그레이트 마켓, 뉴욕 카페, 도나우강 유람선 야경
- ·13일 차 : 부다페스트—(자그레브)—두브로브니크
- ·14일 차 : 반예비치, 올드타운, 성벽 투어, 케이블카, 스르지산 전망대
- ·15일 차 : 로브리에나, 부자 카페
- ·16일 차 : 두브로브니크—스플리트, 바츠비체 해변
- ·17일 차 : 노천 시장, 디오클레티아누스 궁전, 라바 거리, 마르얀 공원 전망대, 그레고리우스닌의 동상, 노천 카페, 바츠비체 해변 노을
- ·18일 차 : 스플리트—자그레브, 반옐라치치 광장, 자그레브 대성당, 성 마르크 성당
- ·19일 차 : 라스토케, 플리트비체
- ·20일 차 : 아멜리에 카페, 돌라치 시장, 자그레브—베니스
- ·21일 차 : 프라리 성당, 리알토 다리, 무라노섬, 부라노섬, 본섬, 산 조르조 마조레 성당, 탄식의 다리, 산 마르코 광장, 리알토 다리 노을

- ·22일 차 : 베니스—밀라노, 두오모 성당, 비토리오 에마누엘레 2세 갤러리아, 스칼라 극장, 스포르체스코 성, 산타 마리아 델레 그라치에 성당, 나빌리오 운하
- ·23일 차 : 피사의 사탑
- ·24일 차 : 밀라노—니스
- ·25일 차 : 그라스, 칸, 생폴드방스, 앙티브
- ·26일 차 : 니스 전망대, 니스 해변
- ·27일 차 : 에즈, 모나코
- ·28일 차 : 니스—바르셀로나, 카탈루냐 음악당, 바르셀로나 대성당, 추레리아, 바르셀로나 시청, 벙커
- ·29일 차 : 가우디 투어(구엘 공원, 카사 바트요, 카사 밀라, 사그라다 파밀리아 성당, 바르셀로네타 해변, 람블라스 거리, 구엘 저택, 가우디 가스등, 피카소 카페, 몬주익 언덕 분수쇼
- ·30일 차 : 몬세라트, 시체스
- ·31일 차 : 사그라다 파밀리아 성당 내부 관람, 피카소 미술관, 바르셀로나FC 축구 관람
- ·32일 차 : 바르셀로나—그라나다, 알바이신, 사크로몬테, 플라맹고 공연 관람
- ·33일 차 : 그라나다 알함브라 궁전, 산미구엘 전망대, 타파스
- ·34일 차 : 그라나다—세비야, 스페인 광장
- ·35일 차 : 마리아 루이사 공원, 산타 크루즈 거리, 세비야 대성당 투어, 플라멩고 박물관, 황금의 탑
- ·36일 차 : 세비야—리스본, 파스테이스 드 벨렝, 제로니무스 수도원, 발견 기념비, 벨렝탑, 코메르시우 광장, 리스본 대성당, 산타후스타 엘리베이터, 페드로 4세 광장
- ·37일 차 : 헤갈레이아 별장, 신트라 마을, 페나성, 호카곶, 카스카이스, 아자냐시 두 말, 긴쇼비치, 타임아웃 마켓, 파두 공연 관람
- ·38일 차 : 리스본—마드리드, 프라도 미술관
- ·39일 차 : 톨레도, 세고비아
- ·40일 차: 마드리드—인천

―그 외 가볼 만한 유럽 여행지―

* 파리

·1일 차 : 몽생미셸, 옹플뢰르, 에트르타

·2일 차 : 몽마르트 언덕, 개선문, 마레 지구, 라파예트 백화점, 노트르담 대성당

·3일 차 : 지베르니, 고흐 마을

* 암스테르담

·1일 차 : 잔세스칸스

·2일 차 : 고흐 미술관, 하이네켄 체험관, 안네 프랑크의 집

*런던

·1일 차 : 버킹엄 궁전, 트라팔가 광장, 런던 아이, 빅벤, 웨스트민스터 사원, 킹스크로스역 9와 4분의 3 승강장, 〈라이온킹〉 뮤지컬 관람

·2일 차: 노팅힐, 그린 공원, 코벤트 가든, 타워 브리지

·3일 차 : 해리포터 스튜디오

·4일 차 : 윈저 성

·5일 차 : 옥스퍼드

·6일 차 : 셜록 홈즈 박물관, 영국 내셔널 갤러리, 영국 박물관

*로마

·1일 차 : 바티칸 투어, 콜로세움

·2일 차 : 남부 투어(폼페이, 소렌토, 아말피 코스트, 포지타노)

·3일 차 : 콘스탄티누스 개선문, 진실의 입, 판테온, 트레비 분수, 스페인 광장

*취리히

·1일 차 : 루체른, 리기산

·2일 차 : 인터라켄, 융프라우

·3일 차 : 취리히 시티 투어

*프랑크푸르트

·1일 차 : 하이델베르크(하이델베르크 성, 하이델베르크 대학, 카를테오도르 다리, 철학자의 길)

·2일 차 : 뤼데스하임(통일전망대 케이블카, 와이너리 방문 및 와인 시음, 라인강 크루즈)

·3일 차 : 유럽중앙은행, 괴테하우스, 뢰머 광장, 아이제너 다리, 마인타워 야경

ST 928-TI

Takeoff

국내와 해외를 아우르는 꼭 가봐야 할 여행지

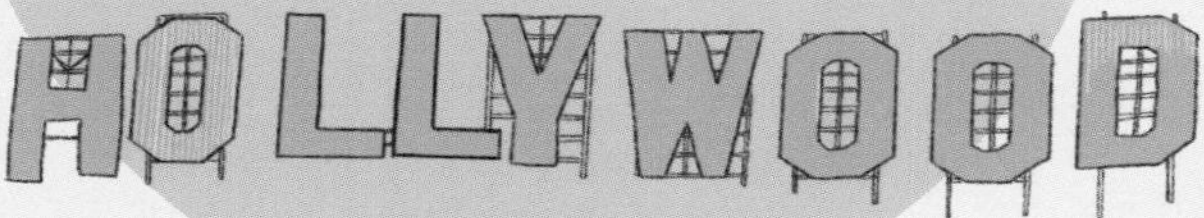

다음에 떠날 여행지를 고민하고 있다면 꼭 참고해야 하는 장이다.
직접 다녀온 여행지 중에서 추천하고 싶은 곳만 골랐다.
혼자 갈 때, 시간이 부족할 때 등
상황에 맞게 골라 가기만 하면 된다.
내 마음대로 골라 가는 여행의 재미에 푹 빠져보자.

Gate 1

혼자 떠나기 좋은 추천 여행 코스

국내 여행과 해외 여행을 한 번에! 부산과 대마도

나는 이틀 정도의 짧은 휴일만 생겨도 혼자 국내 여행을 떠난다. 김포공항 근처에 살고 있어서 주로 국내선 비행기를 이용하는데, 비행기를 타고 가면 여행 기분이 두 배가 된다. 비행기 창문 너머의 풍경은 여행자를 들뜨게 하는 매력이 있다. 방금 전까지만 해도 두 발로 딛고 있었던 땅이 엔진 소음과 함께 아득히 멀어지면서 푹신한 구름이 눈앞에 펼쳐지는 광경은 비행기를 탈 때만 할 수 있는 특별한 경험이다.

볼거리, 즐길 거리, 먹거리의 천국! 부산

이틀 동안 즐길 수 있는 여행의 최적지는 단연 부산이다. 서울과는 다른 한국의 모습을 볼 수 있고, 비행기나 기차, 자차를 이용해도 되므로 직장인들의 주말여행으로 안성맞춤인 여행지라 할 수 있다. 비행기로 간다면 실제 비행 시간은 50분 남짓이라 음료 하나 마시고 나면 내릴 시간이 된다.

물론 이틀 만에 부산을 다 보기란 시간이 턱없이 부족하다. 그만큼 볼 거리, 즐길 거리, 먹거리가 많기 때문이다. 그러나 부산은 언제든 다시 올 수 있으므로 서운해할 필요가 없다. 어렵사리 시간을 내서 멀리 해외 여행을 가면 '내가 또 언제 여기에 와보겠어!'라는 마음에 촘촘하게 일정을 짜고 돌아다니는 경우가 많다. 외국 사람들처럼 해변에 종일 누워 있거나 카페에 앉아 여유롭게 시간을 보내고 싶지만, 하나라도 더 보고 가야 될 것 같은 마음에 해변에 누워서도 카페에 앉아서도 휴대폰으로 다음 할 일을 검색하고 있는 게 현실이다.

하지만 부산은 언제든 마음만 먹으면 다시 올 수 있으므로 여유로운 여행이 가능하다. 원한다면 온종일 호텔 침대에 누워만 있어도 좋다. 그런 의미에서 진정 여유로운 힐링 여행이 가능한 곳은 국내 여행이 아닐까 생각한다.

국내선 비행 스케줄이 있을 때는 부산에서 스테이하는 경우가 대부분이다. 돌아다닐 수 있는 시간은 짧으면 몇 시간, 길게는 반나절 정도다. 잠만 자고 나오는 경우가 대부분이지만 그래도 해운대 바다 한 번 보고 대구탕이라도 한 번 먹고 온다. 이착륙을 하루에도 몇 번씩 반복해야 하는 바쁜 국내선 스케줄을 마치고 먹는 대구탕은 그야말로 하루의 피로를 말끔히 풀어준다. 대구탕 한 그릇은 다음 날 새벽 4시 기상도 견딜 수 있게 해준다.

하루는 정말 마음이 잘 맞고 친한 사무장님이랑 선배와 함께 국내선 비행을 마치고 부산에 도착한 적이 있다. 터질 것 같은 다리와 등에 붙은 뱃가죽을 부여잡고 우리는 저녁 9시에 대구탕 집으로 향했다. 새벽 3시에 일어나 눈도 못 뜬 채 했던 화장은 18시간 동안 지속되는 중이었지만 대구탕 한 입을 먹으니 입가에 미소가 번졌다. 퀭한 얼굴을 바라보며 대구탕 한 그릇에 웃는 서로가 안쓰럽기도 하고 우습기도 해서 얼굴만 봐도 웃겼던 날이다.

그날 먹었던 대구탕은 내 일생에서 가장 맛있는 대구탕이었다. 그 후, 선배는 가족 여행을 가서, 사무장님은 비행을 가서, 나는 혼자 부산 여행을 가서 그때의 기억을 떠올리며 그 대구탕 집을 찾아가 먹었다. 그런데 정말 신기하게도 그때 온몸의 세포들을 각성하게 했던 대구탕 맛이 아니었다. 식당은 그 사이에 방송에도 나오고 인기가 더 많아졌지만 그때처럼 정신이 번쩍 드는 맛을 느끼지 못하는 건 나의 상황이 그때와 똑같지 않기 때문일 것이다. 고단했던 하루를 마무리하며 먹었던 그 날의 대구탕은 끈끈한 동료애로 만든 특별한 조미료가 들어갔었나 보다.

지금까지 나는 정말 자주 부산을 여행하며 국제시장, 자갈치 시장, 용궁사 등 많은 곳을 돌아다녔다. 그러다 부산에서만 갈 수 있는 조금 색다른 곳에 가보고 싶다고 생각하던 차에 알게 된 곳이 대마도다. 대마도는 배로 1시간 30분이면 갈 정도로 부담 없는 해외 여행지지만, 여권이 있어야 하고 입국 심사도 통과해야 한다.

혼자 여행할 때는 부산에 숙소를 잡고 대마도까지 다녀오는 일정을 추천한다. 나는 주로 저렴하고 위치가 좋은 게스트 하우스를 이용한다. 숙소에 도착하자마자 짐을 풀어놓고 카메라만 챙겨 바로 앞에 위치한 해운대 바다로 나갔다. 성수기가 아닌 해운대 바다는 겨울 바다의 낭만을 느끼러 온 연인들로 가득했다. 나는 그들 사이에서 연신 카메라 셔터를

야경이 황홀한 곳, 더베이101

누르며 겨울 해운대를 만끽했다.

주위가 어둑해지자 걸어서 갈 수 있는 곳을 찾아보았다. 해운대 옆에 동백섬이 있고, 동백섬 산책로를 따라 쭉 걸으면 더베이101에 갈 수 있었다. 처음 가보는 동백섬은 기대 이상이었다. 섬 둘레를 따라 산책로가 조성되어 있어 오른쪽으로는 탁 트인 넓은 바다가 펼쳐졌고, 왼쪽으로는 섬의 나무들이 병풍처럼 있어 저절로 힐링이 되었다. 더베이101의 야경은 언제 봐도 낭만적이다.

뚜벅이 여행자를 위한 당일치기 해외 여행

두 번째 날, 대마도 당일치기 여행을 했다. 대마도는 큰 섬이라 이즈하라(남쪽)와 히타카쓰(북쪽) 총 두 개의 항구가 있다. 부산에서 이즈하라까지는 두 시간 반, 히타카쓰까지는 한 시간 반 정도 소요된다. 당일치기 여행을 계획 중이라면 두 곳을 다 구경하기란 불가능하다. 두 곳을 다 보려면 하루 숙박하면서 렌터카를 이용하는 것을 추천한다.

쇼핑보다 관광이 목적일 경우 히타카쓰가 좋다. 부산에서 대마도까지 가는 당일치기 배편은 아침 8~9시에 출발해서 오후 3~4시쯤 돌아온다. 국제선 배편이라 두 시간 정도 일찍 터미널에 도착해야 한다. 배를 타기 전 표 구매부터 보안 검사, 면세 구역 통과 후 배 탑승까지 동선이 길기 때문이다. 예상하지 못한 돌발 상황이 발생할 수도 있으므로 비행기처럼 일찍 도착하는 편이 좋다. 아침 6시부터 일어나서 준비를 했기 때문인지 한 시간 반 동안 기절하듯 자고 일어나니 이미 히타카쓰 항구에 도착해 있었다.

히타카쓰 터미널에 내려 대마도의 거리 풍경을 구경하며 30분 정도 걷다 보면 미우다 해변에 도착한다. 하지만 첫 목적지는 미우다 해변을 지나 바로 위쪽에 자리하고 있는 온천이다. 워낙 작은 도시다 보니 알려진 온천도 하나뿐이고 규모도 크지 않다. 하지만 배 타고 한 시간 반 동안 와서 일본에서 목욕한다는 사실 자체만으로도 특별한 경험이다. 개운하게 씻고 나오면 그제야 잠이 깨는 기분이 들 것이다.

미우다 해변은 아기자기한 맛이 있는 예쁜 해변이다. 겨울이었지만 다행히 날씨가 따뜻해 아름다운 해변 경치를 느긋하게 즐길 수 있었다. 가만히 앉아 따뜻한 햇볕이 바다 표면에 반사되어 반짝반짝 빛을 내는 모습을 지켜보기만 해도 조용한 시골 마을에 힐링하러 온 듯 마음이 편안해진다.

허기진 배를 달래기 위해 히타카쓰 항에서 챙겨온 관광 안내 지도를 꺼냈다. 한국어로 써 있으며 교통, 맛집, 관광지까지 다양한 정보가 담겨 있다. 스시도코로 신이치라는 초밥 식당은 미우다 해변과 히타카쓰 터미널 사이에 있다. 왔던 길을 천천히 되돌아가니 올 때는 보지 못했던 풍경들을 보는 것도 재미있다.

스시도코로 신이치 식당에 도착한 시간은 점심때라 손님이 많았는데 모두 한국인 관광객들이었다. 스시를 직접 만들어주는 사장님과 마주 볼 수 있는 긴 테이블 자리에 앉았다. 정갈하고 맛있는 미소국이 메뉴판과 먼저 나왔다. 아사히 맥주와 점심 메뉴 중 하나를 골라 주문했다. 친절한 종업원이 시원한 생맥주를 먼저 가져다주었다. 온천에 다녀오고 나서 마시는 생맥주는 참고 있던 갈증을 한 방에 해소해 준다. 양쪽 관자놀이가 찡할 정도로 차가운 맛이 온몸을 휘감았다.

신선한 재료들로 초밥을 뚝딱 만든 사장님이 직접 서빙까지 해주었다. 연어, 장어, 참치 등으로 만든 초밥과 귀여운 롤로 이루어진 점심 세트다. 초밥들은 순식간에 내 뱃속으로 들어갔는데, 새벽부터 일어나 힘들게 온 보람이 느껴지는 맛이었다. 대기하는 손님들을 위해 일찍 식당을 나와 해변을 걸으니 따뜻하게 내리쬐는 햇빛에 온몸이 노곤해졌다.

히타카쓰 항은 작은 소도시에 속하는 대마도지만 터미널에는 편의점, 면세점, 마트, 음식점 등이 많다. 한국으로 가기 전, 이곳에서 마지막

히타카쓰 거리와 스시도코로 신이치 식당의 신선한 회. 행복해지는 맛이다

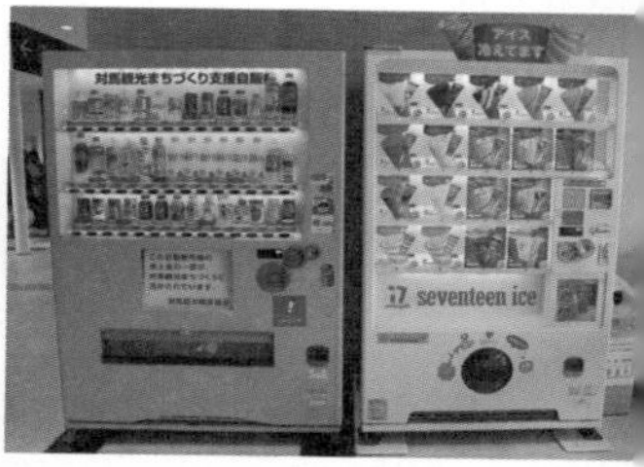

기념품과 쇼핑을 하는 것도 좋다. 부산으로 돌아가는 배 안에서는 모든 한국인 승객들에게 세관 신고서를 나눠준다. 가족당 한 장을 작성해야 하니 펜을 준비해 가는 것도 좋다.

부산 여행의 마침표, 밀면

부산에 도착한 시간은 저녁 6시가 채 안되서였다. 부산에서의 여행 마지막 날인 만큼 어떤 음식으로 저녁을 먹어야 좋을지 고민에 빠졌다. 부산은 돼지국밥, 꼼장어, 낙곱새, 밀면, 부산 어묵, 비빔당면, 납작만두, 씨앗호떡, 각종 신선한 해산물 요리 등으로 유명해서 어느 한 가지 메뉴만 선택해야 하는 것이 잔인한 도시다.

고민하다 서울에서도 냉면보다 밀면이 먹고 싶어 멀리까지 찾아갔던 기억이 있어서 밀면을 먹기로 했다. 뚜벅이 여행자인지라 숙소 근처 해운대를 걸으면서 문이 열려 있는 밀면집에 무작정 들어갔다. 유명한 맛집을 찾아간 것이 아니었지만 부산에서 먹는 밀면이라 그런지 서울에서 먹었던 것과는 확실히 달랐다. 시원한 국물과 쫀쫀한 면발의 식감이 잘 어우러져 금세 한 그릇을 뚝딱 비웠다. 특히 국물의 감칠맛이 서울에서 먹는 밀면과는 확연히 차이가 났다. 밀면 육수는 그릇째 들이켜야 하는데, 마시고 나면 입안에 텁텁하면서도 시큼새콤한 맛이 남는다. 하루에 먹을 수 있는 양이 정해져 있다는 게 아쉽게 느껴질 정도로 부산에서 꼭 먹어봐야 할 음식이 너무나 많다.

부산의 밀면은 언제나 옳다

식사를 마치고 나서는 광안리로 넘어가 조명이 아름답게 켜져 있는 광안대교를 바라보며 해변을 산책했다. 부산의 대표 해수욕장답게 광안리는 겨울 바다를 찾는 사람들로 붐볐고, 해변 건너편에 있는 높은 빌딩과 상점들 불빛이 해수욕장까지 환하게 비추는 곳이다. 철썩철썩 쉬지 않고 치는 파도를 바라보며 한참을 걸었다.

부산 여행 마지막 날, 체크아웃을 마치고 광안대교가 내려다보이는 카페에 자리를 잡았다. 광안리에는 해변과 광안대교 뷰를 즐길 수 있는 카페들이 많다. 멍하니 창밖을 바라보다 보면 서울로 돌아가는 비행기 시간이 아쉽게만 느껴질 것이다.

외국 여행은 하고 싶지만, 혼자라서 무섭다거나 당일치기로 가능한 해외 여행지를 찾는다면 부담 없이 즐길 수 있는 대마도 여행은 어떨까? 거기다 맛있는 음식과 볼거리로 넘쳐나는 매력적인 도시, 부산 여행까지 함께 한다면 혼자여도 충분히 다채로운 추억을 남길 수 있다.

Tip

추천! 부산과 대마도 여행 일정

· 1일차 : 김포공항—김해공항, 해운대, 동백섬, 더베이101

· 2일차 : 대마도—광안리

· 3일차 : 해운대 카페, 김해공항—김포공항

서울 근교에서 색다른 경험을 할 수 있는 곳, 수원

수원은 여행지로 많이 알려지지 않았지만, 다녀오고 나서는 주변 지인들에게 적극 추천할 정도로 보고 즐길 게 많은 곳이다. 일단 서울에서 가깝다는 것이 큰 장점으로, 한두 시간 정도면 갈 수 있다. 버스와 지하철로도 이동이 가능하기 때문에 교통비도 저렴해서 여행 비용에 대한 부담도 적다. 여유 있게 둘러보려고 2박 3일 일정을 잡고 갔는데, 굉장히 알차고 바쁜 2박 3일을 보냈다.

출발 당일은 느지막이 일어나 배낭과 카메라를 챙겨 집을 나섰다. 지하철과 버스를 타고, 수원 관광의 중심지인 화성행궁 앞에서 내렸다. 화성행궁 앞에 위치한 광장에는 수원 관광 안내소가 자리하고 있다. 관광 명소와 운영 시간 등을 확인하러 들렀을 뿐인데, 친절한 설명과 함께 양손 가득 팸플릿을 안겨주었다.

본격적으로 화성행궁 관광을 해보려는 찰나, 이번에는 무거운 배낭이 문제였다. 다행히 매표소에서 짐을 기꺼이 맡아주어서 가벼운 몸으로 화성행궁을 둘러볼 수 있었다. 이처럼 여행 중에 우연히 받은 친절은 기억에 오래도록 남는다.

관람 시간이 끝날 즈음 들어간 화성행궁은 생각보다 넓었고 볼거리도 많았다. 조선시대 최대 규모의 행궁이므로 역사적 의미가 남다른 곳이다. 아쉽게도 복원 공사가 진행 중인 곳이 많아 제한적으로 관람할 수 있었다. 그 날따라 매서운 추위였음에도 불구하고 어린 꼬마들이 부모님 손 잡고 놀러 와서 정조 어진을 보며 여러 가지 질문 공세를 하는 모습이

화성행궁의 600년 된 느티나무. 보는 것만으로도 왠지 모를 경외심이 생긴다

귀엽고 기특해 보여 한참 동안 시선을 떼지 못했다. 곧 관람 시간이 끝난다는 공지를 듣고 나서야 아쉬운 발걸음을 옮기는 사람들이 많았다.

나 역시 아쉬운 마음을 뒤로하고 돌아서 나가는 도중 출구 옆에 늠름하게 서 있는 아주 큰 나무를 발견했다. 다가가 자세히 보니 600년 된 느티나무와 사람들의 소원이 적힌 소원 종이들이 바람에 날리고 있었다. 서둘러 종이에 소원을 적어 다른 사람들의 소원 종이 옆에 내 것도 걸어두었다. 잠시 서서 600년 된 느티나무를 바라보고 화성행궁을 등지며 소원이 이루어지기를 두 손 모아 진심으로 빌었다.

수원의 야경을 남김없이 감상하고 싶다면

슬슬 해가 지고 있어서 다음 코스는 수원 야경을 볼 수 있는 곳이면 좋겠다는 생각이 문득 들었다. 검색을 해보니 '플라잉 수원'이라는 열기구를 탈 수 있는 곳이 있었다. 열기구를 타본 적이 없어서 두려운 생각도 들었지만, 색다른 도전은 항상 설렘을 동반한다.

열기구를 탈 수 있는 연무대까지는 시내버스로 이동했다. 10분 정도 버스를 타고 가니 어느새 연무대 앞이었다. 플라잉 수원은 낮에도 운행을 하지만, 수원의 야경을 한눈에 보고 싶었기 때문에 해가 질 때까지 성곽을 여유 있게 거닐었다. 성곽길을 따라 걷다 보면 수원 시내가 한눈에 내려다보인다. 성곽 너머로 해가 떨어지면서 1분 1초마다 수원은 나에게 자랑이라도 하는 듯 끝없이 다채로운 경관을 선사했다. 플라잉 수원으로 야경을 보러 왔는데 덤으로 생각지도 못한 황홀한 노을 풍경을 보게 된 것이다. 노을이 절정에 이르렀을 때 성곽 벽면부터 언덕 그리고 눈에 담을 수 있는 수원 시내 저 끝까지 모두 황금빛으로 물들었다.

플라잉 수원은 운행 시간이 정해져 있지 않다. 매표소에서 표를 사면 손님이 있을 때 10분에 한 번씩 운행한다. 나와 안전 요원 두 명만 올라가면 어쩌나 걱정했는데, 다행히 다정한 커플이 와서 네 명이 같이 올라가게 되었다. 내가 상상했던 열기구보다는 훨씬 튼튼해 보였고, 생각보다 높이 올라갔다. 창살이 가로막혀 있어서 시야가 가리는 것은 아쉬웠지만, 그 사이로 보이는 수원의 야경은 감탄이 절로 나올 정도로 아름다웠다.

하늘 높이 올라감에 따라 바람이 더 매서워지자 점점 귀와 코에 감각이

뜻밖의 선물, 수원 성곽길

수원 여행의 정점을 찍어준 '플라잉 수원'. 비행기에서 보는 것과는 다른 색다른 즐거움이 있다

없어졌다. 옆의 커플이 꼭 껴안은 채 야경을 보고 있어서 그런지 내 마음은 두 배로 추워졌지만, 그것 말고는 정말 완벽했다.

하늘 높은 곳에서 내려다본 수원 시내는 까만 밤하늘에 반짝반짝 빛나는 별빛 같았다. 성곽 둘레를 따라 빛나는 불빛만이 은하수처럼 까만 하늘에 길을 만들었다.

잠시 후, 안전 요원이 내려간다는 신호를 보냈다. 열기구는 바람 때문에 살짝 흔들렸지만 무사히 착륙했다. 땅에 발이 닿는 순간 긴장이 풀려서인지 갑자기 배고픔이 밀려들기 시작했다. 하나도 무섭지 않다고 생각했는데 사실은 긴장하고 있었나 보다.

다른 건 몰라도 수원에는 '통닭 거리'가 있다

수원에 대해 잘은 몰랐지만 그것 하나만은 정확하게 알고 있었다. 수원에 '통닭 거리'가 있다는 사실 말이다. 저녁 메뉴만큼은 확실하게 알고 있었기에 서둘러 발걸음을 옮겼다.

버스를 타고 통닭 거리에 입성하고는 가장 사람이 많아 보이는 곳으로 들어갔다. 너무도 당연히 "두 명이요?"라는 물음에 "한 명이요."라고 수줍게 대답한 후 자리에 앉았다. 평일 저녁이어서 그런지 관광객들보다는 동네 어르신들이 테이블을 차지하고 있었다.

통닭에 맥주가 빠질 순 없다. 통닭보다 먼저 나온 시원한 생맥주를 벌컥 들이켰다. 생맥주와 함께 서비스로 나온 닭똥집을 안주로 먹으니 꼬들꼬들하게 씹히는 맛이 아주 좋았다. 아이러니하게도 이가 시릴 정도로 차가운 맥주가 몸속으로 들어갔는데 몸은 따뜻해져서 추위에 얼었던 몸이 스르르 녹는 기분이었다.

맥주를 반쯤 먹었을 때 드디어 통닭이 나왔다. 배달이 아니라 갓 튀겨서 나온 치킨을 맛보는 건 정말 오랜만이었다. 프라이드 치킨을 한 입 베었는데 뜨거운 기름에 입술이 델 정도였다. 어릴 적에 먹었던 딱 그 맛이었다. 통닭을 또다시 한 입 베어물고는 다시 맥주를 들이켰다. 일반 프라이드 치킨보다는 좀 더 빽빽한 느낌이지만, 뒤에 마시는 시원한 생맥주와 완벽한 궁합을 이루었다.

닭에서 맥주로, 맥주에서 닭으로 정신없이 왔다 갔다 하다 정신을 차려보니 어르신들이 신기하게 쳐다보고 있었다. 아마도 '저 젊은 처자는 어떤 사연이 있길래, 이 시간에 여기에 혼자 와서 걸신들린 것처럼 마셔라 먹어라 하고 있을까?'라고 묻고 있는 듯했다. 어느 정도 배가 차니 눈치껏 느껴지는 호기심 가득한 시선을 애써 모른 척하고 끝까지 열심히 먹었다.

계산을 마치고 가게 문을 열자 매서운 바람에 몸이 잔뜩 움츠러들었지만, 배를 가득 채워서인지 복부에만 뜨거운 핫팩이 들어 있는 것처럼 든든했다.

여행이란 문득 낯선 곳에서 더 낯선 경험을 하는 것

두 번째 날, 수원 관광 안내소에서 추천해 준 화성어차를 타러 가기로 했다. 화성어차는 수원의 주요 관광지를 앉아서 천천히 구경할 수 있는 관광 열차다. 천천히 운행하며 주요 관광지에 대한 설명까지 들을 수 있다. 특히 나처럼 차 없는 뚜벅이 여행자들에게는 더운 여름이나 추운 겨울에 아주 좋은 관광 수단이 되어준다. 연무대부터 장안공원, 팔달산, 화성행궁을 지나 다시 연무대까지 수원의 주요 관광지를 크게 순환하는 관광 열차로, 원하는 곳에서 하차할 수도 있다. 다시 연무대까지 돌아오면 대략 40분 정도의 시간이 소요된다.

나는 수원 전체를 크게 둘러본 후에 중간의 화성행궁에서 하차했다. 추운 날씨에 몸을 녹일 겸 화성행궁 옆에 큰 건물이 눈에 띄어 가보니 수원시립 아이파크 미술관이 나왔다. 운 좋게도 카자흐스탄 특별 전시 기간이어서 잠시 따뜻한 곳에서 몸도 녹일 겸 미술관으로 들어갔다. 아이러니하게도 처음 홀로 여행 온 낯선 수원에서 더욱더 낯선 카자흐스탄을 만났다. 처음에는 가벼운 마음으로 관람하기 시작했는데, 카자흐스탄 예술 작품 전시뿐 아니라 문화와 예술, 역사의 흐름까지 다루고 있어 깊이가 느껴지는 전시였다.

카자흐스탄은 유럽과 아시아의 문화가 융합된 곳이다. 유목민적 삶을 살았던 이들의 방랑자적 느낌과 자유로운 분위기에 압도당했는데, 그런 작품들은 특히 현대미술에서 두드러졌다. 한 번도 생각해 볼 계기가 없었던 나라의 역사와 작가들까지 알 수 있었던 좋은 기회였다. 서울 시내에서 버스만 타고 왔을 뿐인데, 내 인생에서 처음 해보는 경험을 수원에서 몇 번이나 했는지 모른다. 여행이란 이렇게 우연들이 합쳐져 예상치도 못한 길을 만들어준다.

이대로 여행에 마침표를 찍기에는 아쉬운 마음이 들어서 관광 지도를 펼쳤다. 미술관 뒤쪽에 공방 거리가 있었다. 가까운 곳이라 선뜻 나섰지만 비수기라 그런지 영업하고 있는 공방이 없었다. 아쉬운 마음에 골목을 기웃거리고 있던 중 멀리 '효원의 종 가는 길'이라는 큰 글씨가 눈에 들어왔다. 첫날 수원 관광 안내소에서 소정의 금액을 내면 소원을 빌며 종을 칠 수 있다고 한 말이 기억났다.

팻말을 따라가니 산 위로 연결된 길이 있었다. 얼마나 올라갔을까, 숨이 슬슬 턱까지 차오르기 시작했을 때 계단의 끝이 보이기 시작했다. 그리 많이 올라온 것 같지 않은데 수원 시내가 한눈에 내려다보였다. 순간 우렁찬 종소리가 들렸다. 그 소리를 따라가자 그 끝에 효원의 종이 있었다.

소원을 이루어주는 효원의 종

효원의 종은 두 명까지는 천 원만 내면 세 번의 타종이 가능하다. 종을 세 번 치는 동안 각기 다른 소원을 빌면 되는데, 첫 번째 종은 부모님의 건강을 기원하고, 두 번째는 가족의 건강을 기원하며, 세 번째는 자신의 발전을 기원하는 종이라고 한다.

'과연 나 혼자 저 무거운 종을 칠 수 있을까?' 하는 소심한 걱정이 잠깐 들긴 했지만 지켜보는 이라고는 팔달산 새들과 매표소 아주머니뿐이어서 그랬는지 몰라도 부끄러운 마음은 내려놓고 마음속으로 소원을 빌며 있는 힘껏 종을 내리쳤다. 나 혼자 쳤다고는 믿을 수 없는 종소리가 메아리로 울림이 되어 팔달산 전체로 퍼져 나갔다. 두 번째 종은 간절한 마음을 더 많이 담아 처음보다 힘껏 내려쳤다. 있는 힘껏 내려친 마지막 타종 소리가 산 전체를 쩌렁쩌렁 울릴 정도로 크게 들리자 가슴속에서 뻥 뚫리는 느낌이 들었다. 소원도 빌고 재미도 있고 쌓여 있던 스트레스도 풀어지니 일석삼조의 효과를 톡톡히 본 셈이다. 수원으로 여행을 간다면 팔달산 효원의 종에서 근심, 걱정 모두 내려놓을 기회를 놓치지 말자.

Tip

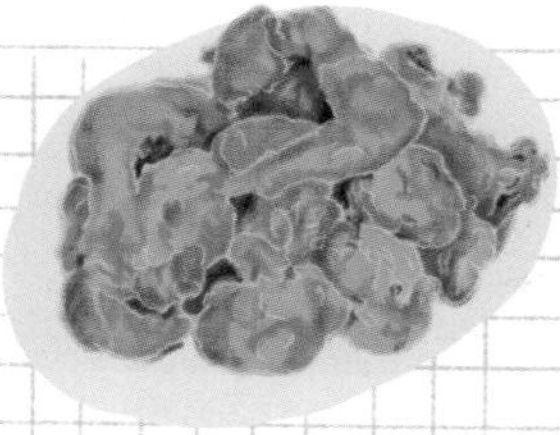

추천! 화성 여행 일정

- 1일차 : 화성행궁, 연무대 플라잉 수원, 통닭 거리
- 2일차 : 화성어차, 수원시립 아이파크 미술관, 공방 거리, 효원의 종

그 외 가볼 만한 곳

행리단길 : 행궁동에 위치한 예쁜 카페 거리

서울에서 가장 빨리 바다를 보고 싶다면, 인천

내가 사는 곳은 인천과 가까운 서울이어서 차로 40분이면 갈매기가 날아다니는 바다를 볼 수 있다. 인천에서는 신선한 해산물을 먹을 수 있을뿐더러 차이나타운, 월미도 등 유명한 관광지가 많다. 인천공항이 있는 영종도 주변도 주말에 다녀오기 좋은 곳이다.

을왕리 해수욕장에서 바라보는
저녁 노을은 항상 아름답다

영종도에 회를 먹으러 갈 때면 나는 구읍뱃터 회 센터를 자주 이용하는 편이다. 다른 곳보다 호객 행위가 적고 정찰제로 판매한다. 구읍뱃터는 월미도로 가는 선착장 바로 옆에 있어서 월미도나 차이나타운까지 구경한 다음 배를 타고 이동하면 좋다. 주차장과 상점, 편의시설, 호텔이 있어 이곳에서 숙박을 해결할 수도 있다. 근처에는 씨사이드파크라는 넓은 공원도 있는데, 이곳에서 바다를 바라보며 레일바이크를 탈 수도 있다. 전 구간에서 서해를 보며 레일바이크를 탈 수 있으며, 인터넷으로 미리 예약이 가능하다.

레일바이크를 즐기고 난 후, 해가 질 때쯤이면 을왕리 해수욕장으로 자리를 옮겨야 아름다운 낙조를 놓치지 않는다. 넓은 해수욕장에 앉아 수평선 너머로 천천히 지는 노을을 바라보면 세상의 근심이나 걱정은 한

낱 먼지가 되고 만다. 온 세상을 새빨갛게 물들여놓고 이내 해는 자취를 감춰버린다. 학생들부터 연인, 가족들까지 바쁜 일상 중에 시간을 내어 을왕리 해수욕장을 찾은 사람들에게서 삶의 쉼표를 즐기는 여유로운 미소를 볼 수 있다.

인천에는 구읍뱃터, 인천공항, 운서역 주변으로 수영장까지 갖춘 가성비 좋은 호텔들이 많아 숙소에 대한 고민은 내려놓아도 좋다. 모처럼 호캉스를 즐기기에도 적합하다. 또한 인천공항 주변의 호텔들은 대부분 객실에서 활주로를 볼 수 있게 만들어져 침대에 누워 비행기가 이륙하고 착륙하는 장관을 즐길 수 있다는 것이 또하나의 매력이다.

체크아웃 시간에 맞춰 나왔다면 두 번째 날은 예쁜 카페들이 있는 마시안 해변으로 가보자. 탁 트인 마시안 해변을 보며 커피 한 잔과 맛있는 빵으로 하루를 시작하는 것도 좋다. 영종도는 아름다운 드라이브 코스로도 유명하기 때문에 여유롭게 바다를 감상하며 드라이브를 즐길 수 있다.

을왕리 해수욕장과는 또 다른 빛깔의 노을을 보여주는 삼목 선착장

파라다이스 호텔 수영장과 인천공항 자기부상 열차

시간적인 여유가 된다면 인천공항 제2터미널에 들러 전망대를 구경하고 가는 것도 추천한다. 가까운 거리에서 비행기를 볼 수 있으므로 아이들이 좋아하는 핫 플레이스다.

Tip

추천! 인천 여행 일정

- 1일차 : 구읍뱃터, 씨사이드파크, 을왕리 해수욕장
- 2일차 : 마시안 해변, 영종도 드라이브, 인천공항 전망대

추천! 영종도 호텔

파라다이스시티 호텔 앤 리조트, 그랜드 하얏트 인천, 네스트 호텔 인천, 호텔 오라 인천 등

추천! 미시안 해안 카페

마시안 제빵소, 마시랑 카페, 엠클리프, 바나나커피, 할리스커피 영종 덕교점, 탐앤탐스 블랙 마시안점 등

Gate 2

직장인들을 위한 주말 활용 해외 여행지

가슴을 설레게 하는 화려한 도심의 야경, 상하이

비행 시간_1시간 50분

중국의 4대 직할시 중 하나인 상하이는 높은 빌딩이 하늘 높이 솟아 있는, 세계적인 대도시 중 하나다. 중국이기 때문에 관광으로 방문할 때도 미리 비자를 발급받아야 한다는 점이 번거롭지만, 관광비자는 공휴일을 제외하고 평균 5일 정도면 받을 수 있다. 중국의 다른 도시에 비해 개방적이어서 관광하기 좋으며 외국인이 많아 영어도 잘 통한다. 다만, 상하이는 중국의 다른 도시보다 물가가 상당히 비싼 편이어서 여행 경비를 넉넉하게 준비해야 한다.

상하이에는 두 개의 공항이 있는데, 도심과 가까운 홍차오 공항으로 예매하는 것이 좋다. 또한, 호텔은 중심가에서 살짝 벗어난 곳에 있는 합리적인 가격의 호텔로 예약해도 된다. 지하철역 근처에 호텔이 많이 있으므로 주요 관광지까지 이동하는 것은 어렵지 않다.

상하이의 대표 관광지, 난징동루

상하이에 도착한 첫날, 호텔 체크인을 마쳤다면 핫 플레이스인 파운드 158로 가서 상하이의 분위기를 맛보는 것도 좋다. 힙한 느낌이 가득한 클럽과 펍에는 한껏 꾸민 사람들로 넘쳐나서 즐겁고 신나는 분위기에 푹 젖어들 수 있다. 멕시코 분위기의 펍에 자리를 잡고 앉아 칵테일을 마시며 상하이의 첫날을 마무리해 보자.

상하이 여행 두 번째 날, 커피로 본격적인 여행을 시작하기 위해 세계에서 두 번째로 크다는 스타벅스 리저브 상하이점을 방문했다. 커다랗고 동그란 외관에 2층으로 된 내부는 상상을 초월할 정도의 규모다.

코끝을 자극하는 고소한 향을 풍기는 빵부터, 커피를 내리는 바리스타들, 스타벅스 리저브에서만 판매하고 있는 기념품을 구경할 수 있는 공간도 있는 데다 커피 박물관을 연상케 하는 커다란 로스팅 기계들까지 있다. 그 거대한 공간을 가득 채울 정도로 사람이 많은 곳이 스타벅스

난징동루 거리와 스타벅스 리저브 상하이

상하이점이다. 사람이 많아 여유롭게 커피 마실 만한 공간은 아니지만, 커피를 좋아하거나 빵 덕후들에게는 신세계가 따로 없을 것이다.

난징동루는 우리나라의 명동 거리라고 할 수 있다. 사람이 많은 번화가로 M&M 빌딩이 유명하다. 단순한 초콜릿을 파는 상점을 넘어서 관광객들의 인증샷 장소가 된 M&M 빌딩은 규모도 어마어마하고 동심을 자극하는 각양각색의 초콜릿들로 꾸며져 있어 어른들의 지갑도 열리게 만든다.

슬슬 해가 지기 시작하면 와이탄으로 이동하여 상하이의 야경을 감상해 볼 수 있다. 상하이는 서울만큼이나 지하철이 잘되어 있어서 돌아다니는 데 전혀 불편하지 않다.

와이탄에는 마치 유럽의 한 도시에 온 것처럼 강변을 따라 죽 늘어선 유럽풍의 건축물들이 많다. 이는 상하이에서 가장 먼저 외국인들이 정착한 곳이 와이탄이기 때문이다.

상하이의 야경을 제대로 만끽할 수 있는 곳, 와이탄

와이탄에서 황푸강을 마주 보면 건너편에는 유명한 동방명주 타워를 비롯해 하늘을 찌를 듯이 높이 서 있는 빌딩들이 있다. 황푸강을 사이에 두고 시간 여행을 하는 것처럼 중세와 현대를 자유롭게 왕래하는 기분이 들게 하는데, 황푸강 너머의 빌딩 숲을 보면 감탄하지 않을 수 없다. 중국의 비약적인 경제 발전을 그야말로 실감하게 하는 장면이다.

"와!"
저녁 일곱 시가 되자 여기저기에서 일제히 탄성이 터져나왔다. 와이탄의 건물들과 황푸강 건너 빌딩들의 조명이 한꺼번에 켜지기 때문이다. 와이탄의 유럽풍 건물들이 잔잔한 황금빛 조명으로 건축물을 밝히고 있다면 황푸강 건너의 동방명주 타워를 포함한 콧대 높은 현대 빌딩들은 자신들의 넘치는 끼와 매력을 경쟁적으로 발산이라도 하려는 듯 화려한 조명을 쏘아댔다. 화려한 조명의 움직임에 눈동자가 따라가기 버거울 정도로 넋을 잃고 보게 되는 곳이다.

본격적으로 화려한 상하이의 밤을 즐기려면 신천지로 이동해야 한다. 이곳은 상하이의 멋쟁이들만 모인다는, 우리나라의 이태원 같은 곳이다. 반은 서양인이어서 어디서나 영어가 들리고, 고급 레스토랑이나 펍, 라이브 카페들이 많다. 상하이에 사는 사람들이 금요일 밤을 즐기려고 다 여기에 모이자고 약속이라도 한 듯 발 디딜 틈이 없을 정도로 사람이 많다. 이곳은 그렇게 사람 구경하는 재미로 오는 곳이다. 주말에 상하이를 여행할 계획이라면 신천지에서 화려한 밤을 즐길 기회를 놓치지 말자.

은은한 불빛과 물빛이 어우러진 수향마을의 밤풍경

상하이 근교에 위치한 수향마을인 주가각은 '상하이의 베네치아'라고

南翔饅頭店
STARBUCKS COFFEE

불리는 곳으로, 물 위에 있는 마을이다. 상하이 시내에서 한 시간 반 정도 걸리는데, 지하철을 타고 갈 수도 있다.

주가각 마을은 그 별명처럼 베네치아와 닮았다. 걸어다닐 수도 있고, 배를 타고 관광할 수도 있다. 마을 골목 사이사이에는 먹거리와 기념품 가게들이 많아 구경하는 재미도 쏠쏠하다.

하늘과 나무, 강이 있는 예쁜 마을이어서 천천히 둘러보며 산책하다가 젊은 예술가 주인의 취향대로 꾸며 놓은 공방이나 카페에 잠시 들어가 쉬어도 좋다.

주가각 마을에 조명이 켜지면 고요하면서도 운치 있는 마을이 된다. 낮에 있던 관광객이 떠난 자리에 최소한의 조명만이 그 자리를 채우면 어두운 마을에 달빛과 별빛이 물 위에 은은하게 비친다. 수향마을을 거닐며 산책해 보자. 낮에는 경험할 수 없는 저녁 주가각의 특별한 매력에 빠지게 된다.

다시 지하철을 타고 상하이 시내로 돌아와서 '예원'으로 향했다. 이곳 또한 낮보다 밤이 훨씬 아름다운 곳이다. 예원에 도착하면 고풍스러운 옛 건물들이 먼저 반겨주어 상하이에서 가장 중국스러운 곳이라는 생각을 하게 된다. 조금 안쪽으로 들어가면 연꽃과 연못, 건물에 조명이 켜지는데 매우 아름답다. 이곳에서 꼭 들러야 하는 곳이 있으니 종이 초상화를 만들어주는 곳이다. 종이를 접어 가위로 잘라 자화상을 만들어주는데 10분도 안 되는 시간에 꽤 비슷하게 특징을 잡아낸다.

상하이 여행 마지막 날은 저녁 출발 비행기이므로 체크아웃을 하고 하루 종일 돌아다녀야 한다. 이런 날 가기 좋은 곳이 티엔즈팡 예술 거리다. 젊은이들이 많이 찾는 편집 숍, 옷가게, 음식점 등이 많아서 마지막 기념품을 사거나 쇼핑을 하기에도 좋다.

월요일 하루만 연차를 내도 상하이는 금요일 퇴근 후부터 월요일까지 3박 4일 동안 충분히 즐길 수 있는 곳이다. 아름다운 야경과 다채로운 음식, 편리한 교통, 중국 속의 또 다른 중국을 발견할 수 있는 상하이로 여행을 떠나보자.

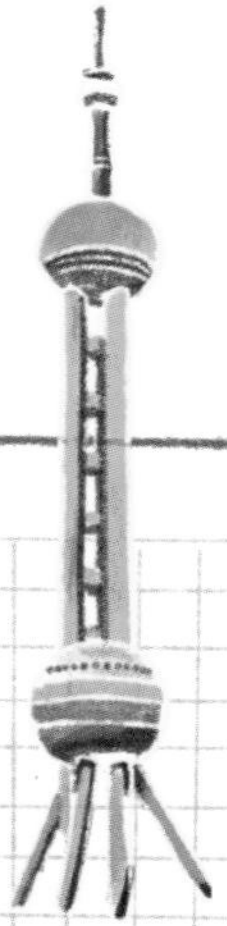

Tip

추천! 상하이 여행 일정

- 1일차 : 상하이 밤 도착, 모데나 바이 프레이저 푸투오 상하이 호텔 체크인, 파운드158
- 2일차 : 스타벅스 리저브, 난징동루, 와이탄, 신천지
- 3일차 : 수향마을 주가각, 예원
- 4일차 : 티엔즈팡, 상하이 출발—인천 도착

그 외 추천 여행지

대한민국 임시정부, 디즈니랜드, 인민광장, 우전, 황푸강 유람선, 상하이 박물관 등

관광, 힐링, 쇼핑 삼박자를 모두 갖춘 곳, 하노이

비행 시간_4시간 10분

나는 베트남으로 여행 가는 것을 좋아한다. 짧은 비행 시간, 저렴한 물가, 맛있는 음식, 친절한 사람들, 휴양, 관광 등 다양한 매력이 섞여 있는 나라가 베트남이기 때문이다. 그중 하노이는 베트남 도시 가운데 비행 시간이 가장 짧은 도시이자 활기가 느껴지는 곳이어서 친구들과 함께 떠나는 여행지로 적당하다. 프랑스의 식민 지배를 받았던 역사 때문인지 프랑스 분위기도 느낄 수 있어 독특한 매력이 있는 곳이다.

하노이에는 '맥주 거리'라 불리는 유명한 거리가 있다. 처음 이곳을 방문했을 때 늦은 시간인데도 길거리에 늘어선 테이블에 빈 자리가 없을 정도로 붐비는 것을 보고 깜짝 놀랐다. 꽤 늦은 시간이었는데도 한낮을 방불케 하는 열기로 가득 차 있어 마치 우리나라의 홍대에 와 있는 것 같았다.

길거리의 테이블 중 한 곳에 자리를 잡고 앉으면 인상 좋은 아주머니가 메뉴판을 가져다 준다. 저렴한 가격에 맛있는 안주와 시원한 맥주를 마시며 시끌벅적한 분위기를 즐기기에 여기만 한 곳이 없다. 선선한 밤공기가 기분 좋게 불어오고 사람들은 맥주의 취기를 빌려 옆 사람에게 다 들릴 만큼 떠드는데, 그것마저도 정겹다. 맥주 거리에서는 기분 좋게 먹고 마시면서 하노이를 제대로 즐기면 된다.

여행 두 번째 날은 본격적으로 여행을 시작하는 첫날인 만큼 여자들의 베트남 여행 필수 코스인 네일 숍, 페디 숍, 마사지 숍을 코스로 다녀와야

하노이 어디서나 볼 수 있는 풍경

한다. 한국보다 절반도 안 되는 가격으로 질 좋은 서비스를 받을 수 있다. 호안키엠 호수 근처에는 쇼핑할 수 있는 상점들이 많다. 금요일, 토요일, 일요일에 호안키엠 호수 근처에서 열리는 하노이 야시장을 구경해 보는 것도 좋다. 규모도 크고 볼거리, 즐길 거리, 먹을거리가 많아서 돌아다니다 보면 시간 가는 줄 모르고 구경하게 된다. 다른 곳보다 질 좋고 저렴한 과일을 살 수도 있다.

야시장에는 없는 물건이 없다. 휴대폰 케이스, 가방, 신발, 옷, 장난감, 전자기기, 액세서리 등 세상의 모든 것을 다 팔고 있다고 봐도 좋다. 물론 흥정은 기본이다.

자연이 주는 편안함이 필요할 때, 하롱베이 크루즈

영화 〈킹콩〉 촬영지로도 유명한 하롱베이는 하노이에서 당일로 다녀올 수 있는데, 대중교통이나 자가용을 이용해도 되지만, 투어를 이용하는 것이 가장 편리하다. 주말을 이용하여 짧은 여행을 계획했다면 당일 투어로도 충분히 하롱베이를 즐길 수 있다. 하롱베이까지는 투어 버스를 타고 3시간 30분 정도 간다. 긴 여정이므로 목 베개와 편한 복장은 필수다. 하롱베이에 도착하면 투어 패키지 안에 포함되어 있는 크루즈로 이동하게 된다. 크루즈에 따라 투어 비용이 달라진다. 당일치기 투어는 대부분 점심이 포함되어 있는 크루즈에 탑승한다.

보통 당일치기 크루즈 여행은 점심을 포함하여 6~10만 원 사이다. 1박 이상의 크루즈는 호텔처럼 등급이 나눠지는데, 3~6성급까지 있다. 공통적으로 하롱베이 투어와 영어 가이드, 식사와 액티비티 등이 포함된다. 크루즈로 1박 이상 하롱베이에 머물 경우 가장 좋은 점은, 멋진 일몰과 일출을 배 위에서 감상할 수 있다는 점이다. 또한 크루즈에서 제공하는 액티비티에는 쿠킹 클래스, 낚시 체험, 태극권과 요가 등 시간을 알차게 보낼 수 있는 다양한 프로그램들이 있으니 이를 활용하는 것도 좋다. 3성급은 15~16만 원, 4성급은 18~20만 원, 5성급은 21~25만 원, 6성급은 48만 원 정도다. 식사와 객실의 퀄리티가 가격을 결정한다. 가장 저렴한 크루즈를 타는 것이 목적이 아니라면 보편적으로 5성급 크루즈를 여행사 프로모션을 이용해 4성급 크루즈 가격으로 타는 것을 추천한다.

호수 같은 잔잔한 바닷물 위에 크고 작은 석회암 바위들이 가득한 하롱베이를 보고 있으면 영화 〈킹콩〉 속 이미지가 오버랩된다. 수천만 년의 세월이 만들어낸 자연의 걸작 어딘가에 과거에 갇혀 있는 킹콩 같은 거대한 생명체가 살 수 있겠다는 생각이 드는 곳, 그곳이 하롱베이다. 천천히 하롱베이를 감상하고, 잠시 하차하여 천궁 동굴을 둘러본 다음에 보트 투어까지 마치고 나면 당일 패키지 투어는 끝난다. 하롱베이 투어를 염두에 두고 비행기 안에서 영화 〈킹콩〉을 다시 보고 왔더니 초롱초롱 빛나는 눈으로 하롱베이를 즐기고 올 수 있었다.

하노이 여행 마지막 날, 호텔 체크아웃 후 새벽 비행기 시간까지 어떻게 보낼지 고민이 된다면 '체크아웃 투어'를 추천한다. 동남아에서는 시원한 차를 타고 이동하며 하노이 시내 곳곳을 둘러본 후, 공항까지 데려다주는 체크아웃 투어가 있다. 약속된 시간에 가이드가 호텔로 오면 캐리어를 들고 차량에 탑승하면 된다. 가이드의 설명과 함께 호치민 박물관, 문묘, 응욱썬 사당, 구시가지 씨클로 투어, 호아로 수용소 등을 관광하고 쌀국수로 저녁 식사를 마치면 공항으로 갈 시간이다.

체크아웃 투어에는 마사지가 포함되어 있어 비행기 탑승 전 마사지를 받으며 피로를 풀 수 있고, 비행기 출발 2시간 30분 전에 공항에 데려다주니 그야말로 완벽한 투어다. 4박 5일의 일정이지만, 하노이에서 하롱베이까지 즐기기에는 충분한 시간이다. 젊고 활기찬 하노이에서 열정적인 주말을 보내는 건 어떨까?

Tip

추천! 하노이 여행 일정

- 1일차 : 하노이 도착, 애프리콧 호텔, 하노이 맥주 거리
- 2일차 : 네일&페디 케어, 마사지, 쇼핑, 하노이 야시장
- 3일차 : 하롱베이 당일 투어
- 4일차 : 호텔 체크아웃, 하노이 시티 투어(호치민 박물관, 문묘, 응욱썬 사당, 구시가지 씨클로 투어, 호아로 수용소), 하노이 새벽 출발
- 5일차 : 인천 도착

돌고래를 만날 수 있는 휴양지의 천국, 괌

비행 시간_4시간 15분

괌은 한국인들에게 많은 사랑을 받는 휴양지 중 한 곳이다. 관광 목적이라면 이스타(ESTA) 비자 발급 없이도 쉽게 입국이 가능하다. 비자가 있을 때는 입국 시에 세관 신고서만 작성해도 되지만, 없다면 세관 신고서, 비자 면제 신청서를 작성해야 한다. 작성하는 서류가 많아서 서류에 대해 미리 알아보고 가는 것이 좋다. 그렇지 않다면 비행 내내 서류 작성에만 매달리게 될 수도 있다. 비행 시간이 짧은 괌 비행은 어린 자녀를 동반하는 경우가 많아서 기내가 다소 소란스러울 수 있다. 따라서 귀마개나 이어폰을 챙긴다면 더욱 편안한 여행이 될 것이다.

괌은 미국 달러를 사용하고 영어 소통이 가능한 곳이다. 일본 관광객이 많아서 일본어도 잘 통한다. 열대 해양성 기후에 속해 강한 소나기가 자주 내리고, 기류 변화로 인해 비행기가 많이 흔들릴 수 있다. 그렇지만 깨끗한 자연환경과 좋은 치안, 가족 단위 여행객들을 위한 맞춤형 호텔 서비스 등으로 관광객들이 끊이지 않는 곳이다.

보통 오후 비행기를 타고 출발하므로 본격적인 여행은 두 번째 날부터 시작된다. 대부분의 괌 리조트에는 수영장과 프라이빗 해변이 있다. 아직 피로가 풀리기 전이라면 리조트에서 제공하는 조식을 먹고 부대시설을 이용하거나 수영을 즐기며 시간을 보내는 것이 좋다.

괌에는 워터 파크에 버금가는 수영장 놀이 시설을 갖춘 대형 리조트들이 많다. 같이 여행하는 구성원들에게 맞는 리조트를 구하는 것이 관건

괌 리조트. 푹 쉬러 가는 휴양지라면 숙박 선택이 중요하다

인데, 아이가 있다면 수영장이 큰 리조트가 좋고, 연인이라면 아이들이 적은 조용한 리조트를 선택하는 것을 추천한다.

리조트 앞에 위치한 프라이빗 해변에서는 스노클링이 가능하다. 괌 해변은 수심이 얕은 데다 예쁜 열대어들이 호텔 바로 앞 해변까지 돌아다닌다. 온종일 수영장과 바다에서 헤엄치며 느긋하게 휴양을 즐기면 그동안 쌓여 있던 스트레스와 피로가 풀어질 것이다.

3일째에 들어서면 호텔이 답답하다고 느껴질 수 있다. 그럴 때 필요한 건 액티비티 투어다. 돌핀 크루즈 투어는 남녀노소 할 것 없이 모두 다 좋아할뿐더러 옵션으로 선상 낚시와 바다 한가운데서 즐길 수 있는 스노클링을 선택할 수도 있다.

정해진 시간에 도착하는 투어 차를 타고 선착장에서 보트로 옮겨 타면 선상 낚시를 체험하게 된다. 낚시를 한 번도 해보지 않은 사람도 가이드의 도움으로 한 마리씩 손맛을 볼 수 있다. 선상 낚시가 끝나고 돌고래 포인트로 이동하는데, 돌고래를 발견하기도 전에 사람들의 함성이 먼저 들린다.

"우와!"
소리가 나는 곳을 따라가면 무리 지어 바다에서 헤엄치는 돌고래 떼를 볼 수 있다. 수면 위로 반달 모양처럼 날아오르는 돌고래를 따라 아이들이 신나서 돌고래 비명을 지른다. 나도 야생 돌고래를 바다에서 본 건 처음이었는데 아이들보다 더 신이 나서 소리를 질렀다. 돌고래들이 보트가 지나가면서 생기는 파도를 타고 놀면서 따라오기 때문에 가까이에서 볼 수 있다.

괌 여행의 마지막 날은 체크아웃 후 비행기 탑승 전까지 외부에서 시간을 보내야 한다. 보통 인천으로 출발하는 비행기는 밤 늦은 시각이나 새벽에 있으므로 호텔에 짐을 맡긴 후, 가벼운 가방 하나만 챙겨서 본격적인 일정을 시작하면 된다.

괌에는 '사랑의 절벽'이라는 유명한 관광지가 있다. 호텔에서 대중교통

으로 갈 수 있고, 전망대 입장료가 따로 있다. 사랑의 절벽이라는 이름에서도 예상할 수 있듯이 슬픈 사랑 이야기가 전해 내려온다. 연인이 사랑의 맹세를 하는 곳으로도 유명해서, 사랑을 약속하는 연인들의 자물쇠가 빼곡하게 채워져 있다.

전망대에 오르면 투명한 에메랄드빛의 괌 바다가 절벽 아래로 펼쳐져 있고, 멀리 보이는 깊은 바다는 하늘보다 짙은 푸른색을 띠고 있다. 하늘과 바다의 청량한 파란색이 두 눈에 가득 담길 때쯤 절벽 끝에 서서 시원하게 부는 바람을 맞고 있으면 새처럼 하늘을 날고 있다는 착각에 빠지게 된다.

괌을 떠나기 전이라면 마지막으로 해야 할 일이 있다. 바로 괌 하면 빼놓을 수 없는 '쇼핑'이다. DFS 갤러리아는 면세 가격으로 쇼핑할 수 있는 곳이어서 관광객들의 많은 사랑을 받고 있다. 30분마다 괌의 호텔을 경유하는 무료 셔틀버스를 운행해서 편리하다.

또한 쿠폰을 이용한 각종 할인 혜택이나 이벤트가 진행 중이니 쇼핑 전 정보를 수집하거나 DFS 갤러리아 안내 데스크에 문의하도록 하자. 비싼 명품부터 다양한 종류의 화장품 브랜드, 기념품이나 선물로 좋은 마그네틱, 초콜릿 등 한국으로 떠나기 전 마지막 쇼핑을 즐기기에 완벽한 곳이 아닐 수 없다. 특히 우리나라에 없는 색상의 립스틱이나 기획 상품을 구할 수 있다.

괌은 공항이 비교적 시내에 위치하고 있어서 웬만한 호텔에서 30분 이내로 갈 수 있다. 대부분 호텔에서 공항까지 택시를 이용한다. 공항에서 밤에 출발한 비행기는 다음 날 오전에 인천에 도착한다. 하루의 여유가 있으므로 출근하기 전에 충분한 휴식을 취하면서 일상으로 돌아갈 준비를 한다.

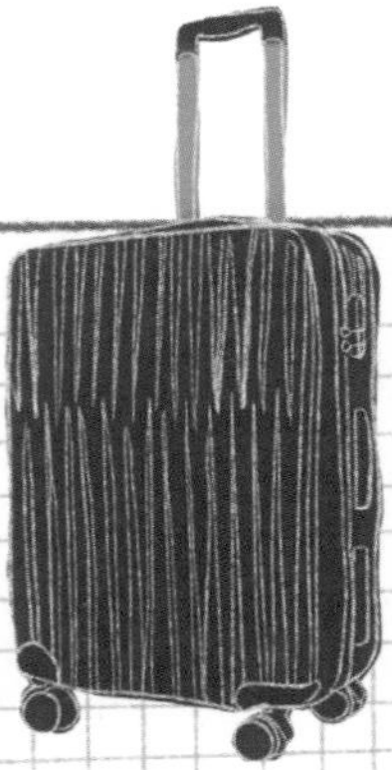

Tip

추천! 괌 여행 일정

· 1일차 : 괌 도착, 호텔 닛코 괌 체크인

· 2일차 : 리조트에서 휴식

· 3일차 : 돌핀 크루즈(선상 낚시, 돌고래 관광, 스노클링)

· 4일차 : 호텔 체크아웃, 사랑의 절벽, DFS 갤러리아 쇼핑, 괌 새벽 출발

· 5일차 : 인천 도착

괌 추천 숙소

· 가족 여행 : PIC 괌, 피에스타 리조트 괌, 힐튼 괌 리조트 앤 스파, 롯데 호텔 괌, 아웃리거 괌 비치 리조트, 레지던스형 숙소, 에어비앤비

· 커플, 태교 여행 : 호텔 닛코 괌, 두짓 타니 괌 리조트, 하얏트 리젠시 괌, 괌 리프 호텔

· 우정 여행 : 괌 플라자 리조트 앤 스파, 홀리데이 리조트 앤 스파, 게스트 하우스, 한인 민박

가는 곳마다 인생 맛집, 나트랑

비행 시간_4시간 25분

나트랑은 '나짱'이라고도 불리는 곳으로, 호치민과 더불어 베트남 대표 휴양지다. 나트랑에는 많은 호텔과 리조트들이 있다. 그중 나는 인터컨티넨탈 호텔, 퓨전 리조트, 빈펄 리조트, 아주라 호텔 이렇게 네 군데에 묵어봤다. 아주라 호텔은 경비를 줄이기 위해 잠시 머물기에 좋은 호텔이고, 친구와 온다면 위치가 좋은 인터컨티넨탈 호텔을 추천한다. 연인이나 배우자와 올 때는 퓨전 리조트가 좋고, 가족과 온다면 빈펄 리조트가 제격이다. 함께 오는 사람에 따라 색다른 매력을 보이는 곳이 나트랑이다.

여행 첫 번째 날에는 보통 바로 휴식을 취한다. 본격적인 여행이 시작되는 두 번째 날, 베트남에 왔으니 저렴하게 즐길 수 있는 마사지를 빼놓을 수 없다. 호텔이나 리조트에서 마사지를 받거나, 나트랑 센터 또는 도심의 마사지 숍을 이용하면 된다. 취향에 따라 다르지만, 보통 두 시간 코스의 아로마 마사지나 핫 스톤 마사지를 받는데, 마사지를 받고 나면 신고 있던 신발이 헐렁해질 정도로 부기가 가라앉고 몸이 개운해진다.

마사지로 몸이 가뿐해졌다면 네일 케어와 페디큐어를 받으러 간다. 한국에 비해 반값도 안 되는 가격에 받을 수 있다. 마음대로 큐빅을 추가해도 부담스럽지 않다. 단, 디자인은 미리 검색해서 캡처해 가는 것이 좋다. 똑같은 재료는 없더라도 놀라운 손기술로 웬만한 건 똑같이 만들어낸다.

나트랑에 왔다면 베트남 음식을 맛있게 먹어줘야 한다. 쌀국수, 짜조, 분보싸오, 반미, 베트남 커피 등 즐겨야 할 음식들이 정말 많다.

퓨전 리조트. 탁 트인 바다, 쾌적한 호텔, 예쁜 자연 등 어느 것 하나 부족하지 않다

허름해 보이는 음식점에서 대충 퍼서 주는 쌀국수처럼 보이지만 국물을 한 입만 먹어보면 특별한 맛이 저 깊은 곳에서부터 올라온다. 가벼운 면과 깊고 묵직한 국물이 절묘한 조화를 이루어 입이 마냥 즐거워진다. 호텔에 들어가기 전에 나트랑 센터 마트에서 기념품과 과일, 과자, 맥주 등을 쇼핑하면 완벽한 하루를 마무리할 수 있다.

숙소가 고급 리조트라면 여행 셋째 날에는 리조트 부대시설을 누리면서 느긋하게 휴식을 취해 보도록 하자. 그러나 고급 리조트가 아니라면, 고급 리조트로 놀러가 하루 동안 부대시설을 즐기는 방법도 있다. 나트랑의 가장 대표적인 리조트 중 하나인 빈펄 리조트에는 엄청난 규모의 테마파크인 빈펄랜드가 있어서 워터 파크, 동물원, 식물원, 아쿠아리움까지 마음껏 즐길 수 있다. 입장료가 포함된 객실료를 지급했다면 투숙객은 무료로 이용이 가능하고, 투숙객이 아니어도 입장료를 내면 시설 이용이 가능하다.

빈펄 리조트는 그 어마어마한 규모답게 빈펄섬에 따로 위치하고 있다. 케이블카와 보트를 이용해서 들어가야 하는데, 케이블카의 경우 무려 3,320미터에 달하는 세계 최장 케이블카로도 유명하다. 빈펄랜드는 바다 뷰를 보며 질주하는 알파인 코스터, 360도로 회전하는 에볼루션 라이드 등 다양한 놀이 기구들이 있다. 우리나라처럼 긴 줄을 기다릴 필요 없이 바로 탈 수 있다. 빈펄랜드 입장권과 케이블카 표는 인터넷을 통해 패키지 상품을 선택하면 더욱 저렴하게 예약할 수도 있다.

인터컨티넨탈 호텔

퓨전 리조트

나트랑 여행 마지막 날에는 여유 있게 조식을 즐기고 캐리어를 호텔에 맡긴 다음 체크아웃을 할 것을 추천한다. 나트랑에서 인천으로 돌아가는 비행기는 밤이나 새벽에 있기 때문에 체크아웃 이후의 시간은 외부에서 보내야 한다. 나트랑 도심에는 식당과 카페들이 많아서 여유로운 시간을 보내기에 무리가 없다. 나트랑 해변을 따라 길게 늘어선 카페나 음식점에서 멋진 뷰를 보며 맛있는 음식을 먹고 산책하다 보면 해가 저물기 시작한다. 그 시간 해변 건너편 쪽에는 나트랑 야시장이 열린다. 골목 위로 조명이 켜지고 양쪽으로 상점들이 길게 늘어서 있어 간단한 기념품을 사거나 쇼핑을 하기에 좋다.

맛있는 음식을 즐기기에도 시간이 부족한 나트랑. 이것이 나트랑을 계속 찾게 되는 이유다.

Tip

추천! 나트랑 여행 일정

· 1일차 : 나트랑 도착, 나트랑 퓨전 리조트 체크인

· 2일차 : 네일 케어, 페디큐어, 마사지, 나트랑 센터 쇼핑

· 3일차 : 호텔 휴식

· 4일차 : 호텔 체크아웃, 나트랑 시내, 나트랑 해변, 야시장, 나트랑 새벽 출발

· 5일차 : 인천 도착

Gate 3

여행 취향에 따라 골라본 베스트 추천 여행지

카리브해에서 만난 낙원, 멕시코 칸쿤

우리나라 신혼부부들에게 가장 인기 좋은 신혼 여행지 중 한 곳이 멕시코의 칸쿤이다. 일에 지친 당신이라면 진정한 휴양이 기다리고 있는 칸쿤으로 초대하고 싶다. '미국인들이 은퇴 후 가장 살고 싶어 하는 곳', '카리브해의 낙원', '허니문 여행의 성지' 등 화려한 수식어를 간직한 곳이다. 다만 우리나라와는 지구 반대편에 위치해 있어서 한 번에 갈 수 없는, 낯설고 먼 여행지다.

칸쿤은 영어가 잘 통하고, 치안이 좋으며, 고급 숙박 시설들이 줄지어 있다. 거기에 우리나라 사람들 입맛에 딱 맞는 매콤하고 감칠맛 나는 멕시코 음식까지! 액티비티, 관광, 휴양 모든 걸 즐길 수 있는 곳, 칸쿤. 진정한 휴양을 원하는 사람들을 위해 칸쿤에서의 완벽한 휴식 코스를 준비했다.

인천공항에서 칸쿤으로 가는 가장 빠른 방법은 미국 댈러스를 경유하는 코스다. 중간 경유로 다른 도시를 보고 싶다면 LA, 라스베이거스, 두바이, 애틀랜타를 경유하는 방법도 있다. 인천에서 댈러스까지 12시간 20분, 댈러스에서 칸쿤까지는 2시간 30분이 소요된다. 환승 시간까지 포함하면 이동 시간만 꼬박 하루가 걸리는 긴 여정이다. 칸쿤 공항에서 리조트까지는 버스나 택시, 슈퍼 셔틀을 이용하면 된다. 많이들 이용하는 슈퍼 셔틀은 공항에서 호텔까지 픽업하는 전문 회사라고 보면 된다. 슈퍼 셔틀 앱을 다운받아 숙박할 호텔과 비행기 도착 시간을 입력하면 간단하게 예약할 수 있다.

리조트에 도착했다면 이제 이동하느라 고생한 몸에 충분한 보상을 줘야 한다. 휴양이 목적이기 때문에 항공료를 제외한 가장 많은 금액을 숙박비에 투자하는 것이 마땅하다. 조금은 지나칠 정도로 안락한 숙소에서 하루 종일 머물며 시간을 보내는 것을 추천한다. 숙박비에 얼마를 투자하는지에 따라서 휴양의 질이 달라진다는 사실을 잊지 말 것.

나는 예산에 맞게 칸쿤에 머무는 7박 동안 3일은 합리적인 가격의 올인클루시브 리조트, 3일은 럭셔리 리조트, 1일은 저렴한 호텔로 예약했다. 올인클루시브란 숙박비보다 높은 가격을 지불하면 호텔에 머무는 동안 제공되는 식음료를 포함한 모든 서비스를 무료로 받는 것을 말한다. 정확히 말하면 무료가 아니라 높게 지불한 가격 안에 다 포함된 것이다. 칸쿤 호텔 존의 리조트들은 올인클루시브 형태가 대부분이어서 리조트 내에 식당만 해도 여러 개 있고, 밖의 식당과도 제휴를 맺고 있기 때문에 이용할 만한 가치가 있다.

가성비 좋은 올인클루시브 호텔, 더 로얄 샌즈 리조트

올인클루시브 호텔은 럭셔리하지는 않지만 호텔의 규모가 매우 크다. 체크인을 하고 잠깐 휴식을 취한 다음 저녁을 먹으러 뷔페 식당에 갔다. 뷔페식당이지만 코스나 단품으로도 주문이 가능하다. 올인클루시브인 만큼 웰컴 드링크와 애피타이저부터 제대로 코스 요리를 즐기기에 부담이 없다. 다만 스테이크를 포함한 몇몇 메뉴는 추가 요금이 발생한다. 단품으로 먹는다면 부담스러울 수 있는 가격이지만, 가격 부담 없이 원하는 음식에 어울리는 와인을 곁들이면서 디저트까지 즐길 수 있다는 데 매력이 있다. 저녁 식사 후에는 넓은 리조트의 프라이빗 해변을 거닐며 산책하는 것도 좋다. 조용한 바다와 하늘의 별빛이 어우러져 이 순간이 꼭 꿈처럼 느껴질 것이다.

칸쿤 여행의 본격적인 휴양이 시작되는 두 번째 날 아침에는 조식 뷔페를 먹었다. 조식 뷔페는 양식, 남미식, 아시아식까지 다양하게 준비되어 있고, 단품으로도 주문이 가능하다.

조식을 여유롭게 즐긴 다음에는 넓은 수영장에서 수영하며 시간을 보냈다. 멀리 카리브해가 보이는 수영장에서 여유롭게 수영하는 사람들, 선베드에 누워 선탠을 하거나 책을 읽는 사람들 모두 저마다의 방법으로 여유로운 시간을 만끽하고 있었다. 문득 배영을 하던 나는 칸쿤의 파란 하늘과 하얀 뭉게구름을 올려다보았다. 미세먼지 없는 새파란 하늘을 실컷 보는 것만으로도 여기에 온 이유는 충분했다. 그거면 됐다. 햇볕은 뜨거운데 선베드 그늘에 들어가면 살랑살랑 부는 바람에 머리카락이 휘날려 기분을 좋아지게 만드는 곳, 그곳이 칸쿤이다.

풀바까지 헤엄쳐 가서 내 선베드를 가리키며 주문했더니 직원이 조심스럽게 선베드 옆 작은 탁자에 먹음직스러워 보이는 타코와 케사디아, 마가리타를 놓고 갔다. 모히토에 몰디브가 있다면 마가리타에는 칸쿤이 있다. 역삼각형 모양의 칵테일 잔 둘레에는 짠 소금이 묻어 있고, 라임, 레몬, 테킬라가 기분 좋게 섞인 향이 후각으로 전해진다. 마가리타의 향긋한 향에 반해 나는 한국으로 돌아가는 마지막 날까지 하루에 한 잔 이상을 마셨다.

현지에서 먹는 타코와 케사디아는 어떤 맛일지 궁금했다. 타코 안에 들어가는 재료는 고수, 토마토, 샬롯, 양파, 양배추, 치즈 등으로 한국이랑 비슷하다. 보기에는 특별할 것 없이 대충 만든 모습인데, 한 입 먹자 입 안 가득 신선하고 고소함이 밀려든다. 그 비밀은 신선한 아보카도에 있다. 멕시코가 원산지인 아보카도가 통째로 들어간 타코는 더 고소한 맛이 난다. 마치 버터를 잔뜩 바른 것처럼 고소하면서도 건강한 맛이다. 케사디아 역시 늘어질 만큼 가득 들어 있는 치즈 덕분에 이미 고소한 풍미로 가득했지만, 신선한 아보카도를 재료로 만든 과카몰레 소스를 듬뿍 넣어 끝 맛이 색다르게 느껴졌다.

아보카도의 장점을 흠뻑 살려 만든 멕시코 음식을 입 안에 한가득 넣고 다 먹어갈 때쯤 마가리타 칵테일을 한 입 마시니 행복감이 밀려들었다. 혀끝에 마지막까지 맴도는 테킬라 향을 머금고, 어느덧 지고 있는 해와 카리브해를 바라보았다. 이곳이 낙원일까?

저녁때는 리조트 밖으로 나가 올인클루시브 혜택이 가능한 레스토랑에서 저녁을 먹는 것을 추천한다. 고급스러운 레스토랑에서 멕시코 현지 음식과 식전주 샴페인, 달콤한 추로스 디저트까지 풀코스로 즐긴다면 그야말로 완벽한 하루가 완성될 것이다.

여행 셋째 날, 날씨가 심상치 않았다. 하늘에 먹구름이 가득하고 거센 바람 소리에 창문이 무섭게 흔들렸다. 이런 날씨를 기념하여(?) 룸서비스로 아침 겸 점심을 먹었다. 이런 날에는 침대와 한 몸이 되어보는 것도 괜찮다.

어둠이 내려앉을 무렵, 칸쿤의 나이트 라이프를 즐겨보기로 했다. 호텔 존 한 구역에는 클럽과 술집이 밀집된 곳이 있다. 어떤 호텔에서든 버스로 갈 수 있어 접근성이 좋다. 여행자들 사이에서 가장 유명한 곳은 '코코봉고'인데, 매일 수준 높은 공연이 열린다. 칸쿤에 오는 모든 여행자는 한 번쯤 들르는 핫 플레이스인 만큼 소지품과 치안에 주의해야 한다. 사람이 많이 몰리는 주말보다는 비교적 한가하게 공연을 즐길 수 있는 평일에 가는 것을 추천한다. 물랑루즈 속 여배우들을 완벽하게 재연한 공연과 밧줄 하나에만 매달려 날아다니는 캐리비안의 해적, 전설의 록 그룹 퀸의 공연 등이 눈앞에서 펼쳐진다. 호텔 존을 순환하는 버스는 24시간 운행하므로 마음 놓고 나이트 라이프를 즐기면 된다.

나이트 라이프를 제대로 즐기고 새벽에 잠이 들면 어느새 체크아웃 날이다. 로비에 캐리어를 맡겨놓을 수도 있고, 체크아웃을 한 날도 올인클루시브 혜택을 모두 누릴 수 있다.

점심을 먹으러 간 캡틴스코브 레스토랑은 리조트를 통해 예약했는데 레스토랑 외부 테라스에서 악어를 구경할 수 있는 곳으로 유명하다. 실제로 레스토랑 맞은편에서 악어 서너 마리가 휴식을 취하고 있는 것을 볼 수 있다. 현지인들에게도 맛있기로 소문난 곳이어서 모든 음식이 훌륭한 곳인데, 특히 소정의 금액을 추가해 먹은 스테이크 맛이 아주 좋았다. 현지인들에게도 스테이크가 맛있는 식당으로 유명한 곳이다.

최고의 휴양을 보장해 주는 곳, 니죽 리조트

첫 번째 리조트에서 합리적인 가격으로 올인클루시브를 즐겼다면 두 번째로 선택한 호텔은 칸쿤에서도 프라이빗하고 럭셔리한 시설, 그리고 사악한 가격으로 유명한 니죽 리조트이다. 실제로 다른 호텔들과 동떨어져 있어서 호텔 안에서만 시간을 보낼 계획으로 예약했다. 고급 리조트답게 서비스가 아주 좋아서, 웰컴 드링크와 손수건이 준비되어 있고, 객실도 만족스러운 곳이다. 숲과 강이 보이는 발코니에는 선베드가 있고 아침마다 강 뒤쪽으로 올라오는 멋진 일출을 볼 수 있다. 천장이 높아서 방이 답답하지 않고, 좋은 매트리스가 깔려 있으며, 청소가 잘되어 있다. 대리석으로 되어 있는 화장실 인테리어는 고급스러움을 더해 준다. 다만 올인클루시브가 아니므로 식당에 가지 않고 미리 장을 봐온 음식으로 저녁을 해결하는 방법도 있다. 리조트 내 헬스장에는 물병과 물수건이 비치되어 있고, 새것처럼 보이는 헬스 기구들이 많다.

저녁이면 바에서 재즈 라이브 공연을 감상할 수 있는데, 차분한 분위기의 음악과 가수의 재즈가 어우러져 필 충만한 감성을 경험할 수 있다. 좋은 서비스와 맛있는 와인, 멋진 라이브 공연까지! 창문 밖으로는 빗방울이 세차게 창문을 두드렸고, 실내에는 사람들이 작게 이야기하는 소리, 재즈 라이브 노랫소리가 뒤엉켜 하나의 음악이 되었다.

다행히 다음 날부터 날씨가 좋아서 호텔 부대시설을 이용했다. 호텔에서 제공하는 액티비티 스케줄표를 보니 해변에서 패들 요가 수업이 있었다. 얼른 수영복을 챙겨 입고 수업이 진행되는 바다로 나갔다.

패들 요가는 얕은 바다에서 패들 위에 올라가 균형을 잡아가며 어려운 요가 동작을 하는 운동인데, 생각보다 어려웠다. 패들 위에서 멋진 요가 동작을 하는 나를 상상했지만 결국 혼자만 바닷물에 빠지기를 여러 번 반복하며 다른 사람들에게 웃음만 줬다.

패들 요가를 마치고 나서 호텔에서 제공해 주는 카약을 빌렸다. 막상 타고 보니 노를 이용해서 방향을 잡는 것이 어려웠지만, 카약을 타고 잔잔한 칸쿤의 바다 위를 여유롭게 떠다니는 것 자체가 행복했다. 어제까지만 해도 성난 사자 같던 칸쿤의 바다가 투명한 카약 바닥 밑으로 맑게 빛났다.

여기에서 스노클링이 빠진다면 섭섭한 법이다. 호텔에서 진행하는 스노클링은 예약한 투숙객들이 모여 외부 업체의 보트를 타고 먼 바다에 있는 스노클링 스팟으로 이동하는 방식이다. 칸쿤의 바닷속에는 세월의 흔적이 담긴 오래된 조각상들이 있어서 다른 곳과는 다른 특별한 경험을 할 수 있다. 가이드의 설명을 들으며 약 두 시간 동안 진행됐는데, 넓은 바다에서 원 없이 수영을 즐겼다.

니죽 리조트 내에는 여러 개의 수영장이 있다. 메인 수영장은 넓고 깊다. 중앙에 위치해 있어 누구나 이용 가능하다. 수영하면서 음료를 즐길 수 있다는 것도 장점이다. 어덜트 수영장은 성인만 이용 가능한 수

영장으로, 작지만 수심이 깊다. 수영하는 사람들도 있지만 선베드에서 조용하게 책을 읽거나 물속에서 샴페인을 마시는 사람들이 주로 이용한다. 어덜트 수영장 옆에도 레스토랑이 있어서 식당과 선베드에서 식사를 즐길 수 있다. 사이드 수영장은 레스토랑과 리조트 맞은편에 있는 강 사이에 위치해 있다. 바다를 볼 수 있는 다른 수영장들과 달리 강을 보면서 수영할 수 있는 수영장이다. 수영장 모두 뷰가 뛰어나서 어느 곳에서 수영을 하든 '이곳이 천국이구나.'라는 생각이 저절로 들게 된다.

아쉽게도 폭우와 강풍으로 니죽 리조트에서는 온전히 하루밖에 즐기지 못했다. 체크아웃하기 싫었지만 아쉬움을 뒤로하고 체크아웃한 다음 짐을 맡기고 여인의 섬을 다녀왔다. 시간이 된다면 세노테와 셀하에서 다이빙과 수영을 즐겨보는 것도 추천한다.

여인의 섬까지 가는 배를 탈 수 있는 선착장까지는 호텔 존 버스를 타고 이동하면 된다. 섬에 들어갈 때는 돌아오는 마지막 배 시간을 꼭 확인해서 시간에 맞춰 나와야 한다. 여인의 섬 안에서 여행객들이 이용할 수 있는 교통수단은 택시, 골프카, 오토바이 등이 있는데, 운전면허가 있다면 골프카를 추천한다. 여인의 섬 터미널 앞에 많은 회사가 있으니 면허증을 맡기고 시간 단위로 골프카를 빌리면 된다. 보통 세 시간 정도면 섬 전체를 둘러보기에 충분하다.

골프카는 창문 없이 뚫려 있는 형태여서 카리브해의 정취를 더 가까이에서 느낄 수 있고, 바람에 따라 흘러오는 맑은 공기에 기분이 절로 좋아진다. 20여 분을 달리면 멀리 작은 해안가가 나오는데, 투명한 에메랄드빛으로 출렁이는 바닷물의 청량함에 넋을 잃게 된다. 영화 〈캐리

비안의 해적〉에 나오는 카리브해의 한 장면을 스크린 밖으로 꺼내 놓은 것 같다. 너무 깨끗해서 바닷물이 깊은지 얕은지 분간이 안 될 정도로 맑고 투명하다.

지상 낙원 같은 이 해변에서 사람들은 스노클링이나 수영을 하고 아이들은 모래놀이를 하면서 해변을 즐긴다. 수영을 좋아한다면 수건과 수영복을 꼭 챙겨가야 한다. 햇빛이 강해서 양산이나 선크림도 챙겨가는 것이 좋다.

해변 카페에서는 시원한 망고주스와 아이스크림을 판다. 특히 망고 아이스크림을 꼭 먹어봐야 하는데, 통 망고를 반으로 잘라 아이스크림을 속에 꽉 채워 보기만 해도 달콤한 맛이 전해진다. 아이스크림을 먹으면서 망고 껍질에 붙은 과일을 함께 먹을 수 있어서 망고의 향을 더욱 강하게 느낄 수 있다.

골프카를 타고 달리다 보면 전망이 좋아 보이는 절벽에 도착하게 된다. 'Cliff of the dawn'이라는 곳이다. 아찔한 절벽에서 밑을 내려다보니 에메랄드빛 카리브해 파도가 깎아지르는 절벽에 부딪히며 사방으로 튀는 물방울들이 마치 보석같다. 절벽 너머에는 파란 하늘과 바다밖에 없어 마치 세상의 끝에 서 있는 듯한 기분이 드는 곳이다. 근처 다른 절벽에는 음료나 술을 판매하는 카페나 펍이 있어서 뷰를 더 즐기고 싶다면 이곳에서 시간을 보내는 것도 추천한다.
시장을 천천히 걷고 있는데, 문득 어디선가 희미하게 흥겨운 재즈 라이브 음악이 흘러나왔다. 흥겨운 재즈 음악 소리에 이끌려 나도 모르게 안으로 들어가 보니 현지인들로 가득한 심플한 펍이 나왔다. 특별한

인테리어는 없고 마이크, 피아노, 야외용 테이블 몇 개, 맥주가 전부였다. 그들만의 공간에 갑자기 들어선 낯선 관광객인 나에게 따가운 시선이 꽂혔다. 메뉴는 네 가지 종류의 맥주가 전부였는데, 가격은 맥주 한 병에 불과 1불이었다. 게다가 술을 시키면 안주는 같이 따라 나왔다.

인심 좋아 보이는 주인아주머니가 말 한마디 없이 안주로 나초와 소고기볶음을 테이블 위에 턱 놓았다. 볼품없어 보이는 안주에 선뜻 손이 가지 않았는데 한 입 먹어보고는 순식간에 맥주 세 병을 마셔버렸다. 간단한 음식이지만 간이 딱 맞는 완벽한 안주였다.

펍 안의 손님들은 서로 아는 사이인 듯 번갈아 마이크를 잡고 충만한 재즈 필로 노래를 이어나갔다. 니죽 리조트의 고급 바에서 들은 재즈 라이브와는 또 다른 느낌의 흥겨운 재즈 공연이었다. 가사를 틀리기도 했고, 중간에 다른 사람에게 마이크를 넘기는 자유로운 공연이었지만 여기저기서 웃음이 터져나왔다.

재즈에 빠져 손뼉을 치며 열심히 보고 있는데 주인아주머니가 갑자기 맥주 한 병을 테이블 위에 쓱 놓고 가셨다. 바디랭귀지로 시킨 적이 없다고 하니 옆 테이블을 가리키며 씩 웃어보였다. 그녀의 손이 향한 곳으로 시선을 따라가자 젠틀해 보이는 멕시코 분과 눈이 마주쳤고 그는 이내 멋진 손 인사를 건넸다. 마치 '진짜 우리가 사는 멕시코 칸쿤에 온 걸 환영해요.'라는 인사를 건네는 것 같았다.
여행지에서 유명한 맛집, 카페, 술집을 찾아가는 것도 좋지만, 가끔은 발길 닿는 데로, 느낌 가는 데로 따라가는 것도 좋은 추억으로 남는다. 맥주 세 병의 취기와 흥겨운 재즈 음악을 즐기다 보니 그 시간이 너무 즐거워서 원래 타고 가려던 배를 포기하고 다음 배를 타고 칸쿤으로 돌아갔다.

마지막 날은 저렴하게 예약한 호텔에서 멕시코 음식을 룸서비스로 즐기고 새벽 네 시에 체크아웃을 했다. 댈러스를 거쳐 인천으로 가기도 전에 칸쿤이 그리워졌다.

어떤 숙소를 선택하느냐에 따라 같은 여행지라도 완전히 다른 휴양 여행이 될 수 있다. 칸쿤에는 많은 호텔이 있으므로 여행의 성격에 따라 시설과 서비스, 분위기를 갖춘 호텔을 찾아간다면 여행의 만족도는 더욱 높아질 것이다.

Tip

추천! 칸쿤 여행 일정

· 1일 차 : 인천-댈러스 경유-칸쿤 도착, 더 로얄 샌즈 리조트, 휴식, 리조트 내 저녁 식사

· 2일 차 : 올인클루시브 혜택을 누리며 리조트에서 휴식

· 3일 차 : 쇼핑 또는 휴식, 나이트 라이프 즐기기

· 4일 차 : 체크아웃, 캡틴스코브 레스토랑에서 점심, 니죽 리조트 체크인

· 5일 차 : 리조트에서 휴식, 헬스장, 바에서 라이브 재즈 감상

· 6일 차 : 패들 요가, 카약, 스노클링, 수영

· 7일 차 : 체크아웃, 여인의 섬 관광(Cliff of the dawn), 컴포트인

· 8일 차 : 새벽 체크아웃, 칸쿤 출발—댈러스 경유—인천 도착

그 외 가볼 만한 곳

· 치첸이사 : 7대 불가사의 피라미드

· 익킬 세노테 : 수영과 다이빙을 즐길 수 있는 천연 싱크홀

· 셀하 : 자연 워터 파크

· 핑크라군 : SNS 유명 인증샷 장소

가우디, 알함브라 궁전, 플라멩코가 있는 곳! 스페인

배낭여행 하면 가장 먼저 떠오르는 곳이 유럽 아닐까. 배낭여행은 낭만과 젊음의 아이콘이지만, 한편으로는 체력과 경비 문제가 따라오게 마련이다. 배낭여행의 대표 여행지인 유럽은 '다리가 떨릴 때가 아니라 가슴이 떨릴 때 가야 하는' 대표적인 여행지다. 그만큼 유럽 여행은 건강과 체력이 정말 중요하다. 유럽 여행을 가면 하루에 2만 보 이상은 걷게 되는데, 유럽 도시 전체가 관광지나 다름없기 때문이다.

유럽 중에서도 요즘 한국인들이 가장 많이 찾는 여행지 중 한 곳이 스페인이다. 스페인은 대중적인 유럽 여행지가 아니었는데, 이제는 유럽 배낭여행 코스에서 빠지지 않는 나라가 되었다. 심지어 스페인만 따로 가는 여행자들도 많이 늘어나 현재 스페인은 유럽 내 한국인 여행자 수 1위가 되었다. 그렇다면 스페인의 어떤 매력이 사람들을 끌어들이는 걸까?

스페인은 유럽이지만, 이슬람 문화와 기독교 문화가 융합된, 그들만의 독보적인 매력이 있는 나라다. 신대륙 발견과 식민지 시대에는 '태양이 지지 않는 나라'라 불렸던 스페인 제국의 역사와 건축, 미술 등을 만나볼 수 있다.

바르셀로나에 가면 꼭 봐야 할 것들

인천에서 스페인 바르셀로나까지는 12시간 40분이 소요된다. 스페인에서는 관광할 게 많아서 밖에서 주로 시간을 보낸다. 숙소에서는 거의 씻고 잠만 자는 일이 많다는 것을 고려해서 숙소를 선택하면 된다. 두 명 이상일 경우에는 호텔과 게스트 하우스, 호스텔 중 가격을 비교해서 결정하고, 한 명이거나 홀수일 때는 게스트 하우스나 호스텔을 추천한다.

바르셀로나는 한국 사람들이 많이 찾기 때문에 한국인이 운영하는 한인 민박들도 많다. 한인 민박에 숙박하면 여행 정보를 얻기가 수월하고, 한식을 먹을 수도 있으며, 혼자 여행하는 사람일 경우 동행자까지 구할 수 있다는 장점이 있다.

유럽은 많은 여행자가 찾는 곳이지만 치안이 좋은 곳은 아니다. 소매치기는 항상 조심해야 하고, 밤늦게 혼자 다니거나 인적이 드문 곳은 피해야 한다. 특히 최근 바르셀로나로 가는 아시아 여행객이 급증하면서 소매치기 사건이 큰 이슈가 되고 있다. 대부분이 조직적으로 움직인다고 하니 표적이 될 만한 귀중품이나 현금은 들고 다니지 않는 것이 좋다. 현금보다는 카드를 사용하고, 값비싼 카메라는 들고 다니지 않는 것이 좋으며, 휴대전화기는 손에서 놓지 말아야 한다.

바르셀로나에 도착한 첫째 날, 체크인을 하고 밖으로 나갔다. 구시가지 모습이 그대로 보존된 고딕 지구 먼저 천천히 산책하면 바르셀로나를 제대로 느낄 수 있다. 마치 타임머신을 타고 과거로 돌아온 것처럼 골목 사이사이에 있는 상점은 클래식한 멋을 느끼게 해준다. 목적지를 정해 놓지 않아도 모퉁이를 돌면 눈이 휘둥그레지는 건축물들이 여기저기에서 튀어나오는 도시가 바로 바르셀로나다. 그렇게 계획 없이 만난 예술적인 건축물이 카탈루냐 음악당, 바르셀로나 대성당, 바르셀로나 시청 건물이다. 시간 관계상 내부에 들어가 보지 못했지만 고딕 지구 자체가 바르셀로나의 역사적, 정치적으로 큰 의미가 있는 곳이라는 것을 알기엔 충분하다.

골목이 굽이굽이 아름다운 곳, 고딕 지구

바르셀로나 대성당의 웅장함은
어떤 언어로도 충분히 설명할 수 없다

일몰 시간이 다가올 때쯤 도심에서 버스를 타고 벙커로 갔다. 벙커는 도심에서 꽤 멀리 떨어진 곳 산 위쪽에 있어서 여러 명이 함께 가는 것이 안전하다. 버스에서 내려 조금만 올라가면 바르셀로나 도심이 한눈에 내려다보이는 언덕이 나온다. 많은 젊은이들이 삼삼오오 앉아 기타를 치며 노래를 부르거나 술을 마시고 있는 곳이다. 젊음과 자유가 느껴지는 로맨틱한 장소지만 혼자 가는 것은 추천하지 않는다.

나도 경치가 잘 보이는 곳에 자리를 잡고 해가 지기를 기다렸다. 언덕 위에서 도시를 내려다보니 멀리 지중해가 보였고, 그 앞에 크게 번성한 바르셀로나가 한눈에 들어왔다. 거대한 도시를 내려다보면 과거에 세계 최고의 해양 도시로서 위엄을 떨쳤던 모습을 상상하는 것은 어렵지 않다. 바르셀로나는 계획 도시라서 도시 전체가 반듯한 네모 모양으로 된 여러 블록으로 나뉘어 있고, 모든 건물의 앞면이 일직선으로 맞춰져 있으며, 6층을 넘지 않는다. 모든 집에 햇빛이 잘 들고 가운데 비어 있는 공간을 정원으로 이용하는 도시계획을 한 것이다.

일몰 시각이 다가오자 하늘이 온통 분홍빛으로 물들었다. 찰나의 순간이지만 노을은 하늘을 여러 가지 색으로 물들였다. 분홍색에서 황금색으로, 그러다 다시 파란색으로, 그리고 깊고 차가운 검은색으로……. 황

벙커에서 한눈에 들어오는 지중해와 바르셀로나 풍경

도시 풍경을 하나둘씩 물들이는 노을빛

금빛으로 물든 순간 저 멀리 가우디의 역작이라는 웅장한 사그라다 파밀리아 성당이 작은 황금처럼 빛나기 시작했다. 자신의 존재를 과시하기라도 하는 듯 아득한 멀리서도 존재감을 확실히 보여주었다.

하늘이 파란색에서 검은색으로 거의 다 변했을 때 버스를 타고 다시 카탈루냐 광장으로 돌아왔다. 늦은 시간에도 바르셀로나의 거리와 식당은 사람들로 북적거린다. 보통 스페인의 식당은 정오부터 네 시까지 장사를 한 후 '시에스타'라는 낮잠 시간을 갖는다. 이 시간에는 대부분의 식당이나 상점들이 문을 닫는다. 그리고 다시 시작되는 저녁 장사는 보통 오후 7시 30분부터 12시까지 운영한다.

스페인에는 '타파스'라는 음식이 유명한데, 식사 전 술과 함께 간단히 먹는 안주 개념의 음식이다. 타파스와 잘 어울리는 샹그리아는 레드와인에 과일과 소다를 넣어 달게 즐기는 술의 종류로, 스페인에서는 대중적인 술이다. 이어 주문했던 새우와 문어 타파스는 정말 작은 접시에 나왔는데, 상큼한 샹그리아와 아주 잘 어울렸다. 소량 나오기 때문에 여러 가지 타파스를 즐길 수 있다는 것과 가격이 저렴하다는 것이 장점이다.

자유 여행자라도 이것만은 놓치지 말자, ‘가우디 투어’

바르셀로나에 도착한 두 번째 날에는 본격적으로 바르셀로나를 구석구석 돌아다녔다. ‘가우디 투어’를 하는 날이기 때문에 가장 바쁘게 보낸 날이기도 하다. 바르셀로나 도시 전체가 그의 업적들과 함께 숨쉰다고 해도 과언이 아니다. 자유 여행이라 할지라도 ‘가우디 투어’는 꼭 신청해서 가이드의 설명을 듣는 것을 권한다. 바르셀로나에는 한인 투어 여행사들이 많아서 투어 신청은 어렵지 않다.

내가 신청했던 가우디 투어는 구엘 공원에서 시작되었다. 구엘 공원은 외곽에 있지만, 바르셀로나 관광의 중심인 카탈루냐 광장에서 버스를 타면 한 번에 갈 수 있다. 가이드의 설명을 들으며 천천히 구엘 공원을 살펴보면 사소한 것까지 의미가 부여되면서 전부 다르게 보인다. 오전 시간은 오롯이 구엘 공원을 둘러보는 데 시간을 다 써도 아깝지 않다.

그 다음은 지하철로 이동하여 가우디의 다른 건축물인 카사 바트요와 카사 밀라, 사그라다 파밀리아 성당까지 투어가 진행됐다. 가우디의 건축물은 환상적이다. 특히 사그라다 파밀리아 성당은 지하철 출구로 나오면 등 뒤에 있는데, 두근거리는 마음으로 아껴두었다가 차례차례 돌아보는 사람들 모두 탄성을 자아낼 만큼 경이로운 곳이다. 아쉽게도 대부분의 가우디 투어는 성당 내부 관광을 포함하고 있지 않다. 성당을 볼 수 있는 장소로 이동해 성당 내부의 사진을 보며 가이드의 설명을 듣는 방식으로 진행된다. 성당 내부는 신청자에 한해서만 들어갈 수 있는데, 중간에 쉬는 시간을 이용해 성당 내부를 둘러보는 사람도 있다. 나는 다음 날 오전에 성당 내부를 관람하는 투어를 인터넷으로 예약했기 때문에, 점심 식사 후에 숙소로 잠시 돌아가 휴식을 취했다.

구엘 공원에서도 가우디의 상상력이 어디까지인지 생각해 보게 된다

셀로나 대표 건축물, 까사 밀라

구엘 공원의 또다른 모습

사그라다 파밀리아 성당

오후에 다시 시작될 투어까지 시간이 남는다면 바르셀로나 도시 시민들의 휴식처인 바르셀로네타 해변을 산책하는 것도 좋다. 이렇게 큰 도시가 해변을 끼고 있다는 사실만으로도 바르셀로나가 사랑받는 도시가 될 이유는 충분하다.

오후의 약속 장소는 람블라스 거리. 사람들이 하나둘 모이기 시작했다. 이곳에서 다시 가이드를 따라 걸으며 구엘 저택, 가우디 가스등, 피카소 카페 등을 둘러볼 수 있다. 가우디의 발자취를 따라가던 중, 곳곳에 있는 피카소의 흔적을 발견하는 것도 재미있다. 예를 들어, 구엘 저택의 맞은편 건물은 피카소가 바르셀로나에 살았던 당시 머물렀던 곳이다. 그가 유년 시절 머물렀던 바르셀로나 곳곳에는 가우디의 손길이 묻어 있다.

해가 떨어지고 어두워지고 나서야 투어가 끝난다. 시간 여유가 있다면 지하철을 타고 몬주익 언덕에 가서 분수쇼를 보는 것도 좋다. 바르셀로나 시내가 내려다보이는 몬주익 언덕에서는 일주일에 세 번 분수쇼가 진행되는데, 바르셀로나 시민들의 쉼터 같은 곳에서 화려한 분수쇼를 관람하는 재미도 놓치지 말자.

바르셀로나는 도시만 둘러보기에도 충분히 다채로운 매력을 지녔지만, 조금만 근교로 나가면 전혀 다른 풍경을 볼 수 있다. 하지만 교통편이 불편하므로 근교의 여러 곳을 하루에 보고 싶다면 투어를 이용해 저렴하게 다녀오는 것을 추천한다. 바르셀로나 근교 여행지 중 가장 대표적인 몬세라트와 시체스를 당일로 묶어 판매하는 투어 상품이 가장 많다. 가이드의 설명을 들으며 몬세라트로 이동하면 가는 시간이 지루하지 않다.

세계 3대 합창단 중 하나인 에스꼴라니아 합창단

어느 청량음료의 CF가 생각나는 곳, 시체스다

몬세라트에는 하늘 높이 솟아오른 기암괴석이 있다. 바위산의 높이는 1,235미터로, 그 중턱에 11세기부터 자리를 지켜온 몬세라트 수도원이 있다. 이곳은 전설의 검은 마리아상이 있는 곳이기도 하다. 검은 마리아상을 만지고 기도를 하기 위해 순례객들과 관광객들의 긴 줄이 끊이지 않는다.

오후 1시가 되면 몬세라트 성당에서 천상의 하모니가 울려 퍼진다. 목소리의 주인공들은 유럽에서 가장 오래된 '에스콜라니아'라는 소년 성가대다. 초등학교 1, 2학년 정도밖에 안 되어 보이는 앳된 소년들의 목소리는 마치 이른 아침의 맑고 투명한 이슬 같다. 합창은 15분 정도 이어지는데, 맑고 깨끗한 목소리가 영혼을 울린다.

몬세라트 관람을 마친 다음 이동한 곳은 예술가들이 사랑하는 해변 도시 시체스다. 유명한 FC 바르셀로나 축구선수인 메시도 이곳에 별장을 구입한 것으로 알려진 만큼 셀럽들에게도 사랑받는 곳이다. 작은 해변

마을인 시체스에서는 매년 10월 국제영화제가 열린다. 해변을 마주하고 식당, 카페, 펍 등이 늘어서 있어 여유로운 시간을 보내기에도 좋다. 지중해풍으로 꾸며진 마을은 청량한 느낌의 파란색과 하얀색으로 색칠된 건물이 많아 청량음료의 CF를 저절로 떠올리게 된다.

사그라다 파밀리아 성당 내부 관람은 인터넷으로 관람 시간을 예약한 후, 시간에 맞춰 도착하면 된다. 한국어 오디오 가이드가 준비되어 있다. 누군가가 사그라다 파밀리아 성당을 보고 '신에 닿고 싶은 인간의 믿음의 결정체'라고 했는데, 성당 내부를 둘러볼수록 그 말이 머릿속에 맴돌았다. 인간은 신이 아니어서 완벽하게 아름다운 건축물을 만드는 것은 불가능한 일이다. 하지만 신을 향한 순수한 믿음이 있기 때문에 이토록 감탄을 자아낼 만한 건축물이 만들어질 수 있는 것이 아닐까. 안타깝게도 사그라다 파밀리아 성당을 설계한 가우디는 이 성당 공사 초기에 사고로 죽었다.

지금까지 알던 성당과는 완전히 다른 모습을 하고 있는 성당 내부는 상상력을 초월하는 공간이다. 특히 성당 내부의 스테인드글라스는 화려함을 넘어서 자연 그 자체다. 빛에 따라 살아 움직이는 유기체처럼 스테인드글라스를 통해 들어오는 빛은 성당 전체의 굴곡으로 인해 계속해서 움직이는 듯한 착각이 들게 만든다. 차디찬 바다 깊은 곳, 촉촉한 이슬을 머금은 초록색 잔디가 넓게 펼쳐진 들판, 불처럼 타오르는 석양 등 다양한 자연의 모습을 연상하게 하는 스테인드글라스는 4D보다 더 생생하게 보는 사람들을 압도한다. 해가 떠 있는 위치에 따라 그 모습도 변하고 성당의 분위기도 바뀐다고 하니 오전과 오후에 각각 방문해서 그 차이를 느껴보는 것도 좋겠다.

사그라다 파밀리아 성당 내부

천장을 올려다보면 마치 흰 고래의 몸 안에 들어와 있는 것 같다. 가우디는 어릴 적 우리가 상상 속에서나 그렸던 것들을 현실 세계에 만들어냈다. 그렇기에 그의 작품을 보면 낯익은 장소에 와 있는 것처럼 마음이 평화로워진다.

성당 관람을 마치고 향한 피카소 미술관도 한국어 오디오 가이드가 있어 설명을 들을 수 있다. 다리가 아픈 줄도 모르고 관람하고 나니 네 시간이 훌쩍 지나가 있었다. 원래는 두 시간 정도 계획하고 온 곳인데, 피카소의 작품들은 관람객의 발걸음과 눈을 자꾸만 멈추게 하는 힘이 있다. 피카소의 그림을 보고 누구나 한 번쯤 '나도 이 정도는 그릴 수 있겠다!'라는 생각을 해봤을 것이다. 그렇지만 아무도 시도하지 않은 것에 대해 의문을 품고 한 발자국 내딛는 행위 자체가 천재이기에 가능한 일이다. 고대부터 중세, 르네상스, 근대까지 미술이 이성과 감성을 줄다리기하는 동안 피카소라는 인물은 새로운 창의성으로 현대미술의 시작을 열었다.

약속만 없었더라면 더 오랫동안 미술관에서 시간을 보냈을 것이다. 하지만 FC 바르셀로나와 에스파뇰의 축구 경기를 보러 가기로 했기 때문에 경기장으로 향했다. 같은 숙소에 머무는 한국인 동생과 우연히 투어를 같이 하게 된 동생의 도움으로 *티켓 예매에 성공할 수 있었다. 비록 자리는 떨어져 있었지만, 약속 장소에서 같이 만나 축구 경기장으로 향했다.

*** FC 바르셀로나 축구 경기 티켓 예매 :** 경기가 시작되기 일주일 전 공식 홈페이지에서 여분의 티켓이 오픈된다. 와이파이가 잘 되는 곳에서 페이팔로 결제하는 것이 안전하다.

난생처음으로 혼자서 축구 경기를 보는 거였는데, 전반 45분, 후반 45분이 지루하지 않았다. 처음에는 축구 광팬들 사이에 앉아 있는 내 모습이 어색하기도 했지만, 관중들의 열정적인 응원과 제스처에 같이 동화되었다. 결국 메시가 두 골을 넣으며 FC 바르셀로나의 승리로 끝났다. 흥분된 마음을 가라앉히지 못하고 경기장을 빠져나와 일행을 만났다. 다시 그들을 만났을 땐 축구에 관심이 없었던 동생이 열성적인 축구 팬으로 변해 있을 정도로 바르셀로나에서 직접 축구를 보는 것은 흥미진진하고 감격스럽기까지 하다.

축구 팬이 아니더라도 바르셀로나에서 축구 경기를 직관하는 것은 좋은 추억이 될 것이다. 승부욕을 불태우는 짜릿한 역사의 현장 속에서 마음껏 소리를 질러보자.

스페인의 또 다른 명소, 알함브라 궁전

바르셀로나에 온 지 5일째, 다른 도시로 가는 날이다. 한 도시에 4박 5일이면 넉넉할 거라고 생각했는데, 바르셀로나는 그 시간이 부족하다고 느낄 정도로 매력이 넘치는 도시다. 아쉬운 마음을 뒤로하고 국내선 비행기를 이용하여 그라나다로 향했다. 그라나다의 호텔에 체크인하고 식사를 해결하니 저녁 시간을 어떻게 보낼지 고민에 빠졌다. 그라나다는 알함브라 궁전 말고도 세계문화유산으로 지정된 알바이신 지구가 있다. 이슬람교도들의 거주지였던 이곳은 언덕 높은 곳에 위치해 있으며, 좁은 골목 사이 사이로 *무어인들의 독특한 건축물로 지어진 집들이 빼곡히 들어서 있다. 하얀색 건축물에 푸른색 도자기들로 인테리어를 해놓았다는 점이 특이하다. 이곳은 매우 가파른 언덕인 데다 다 둘러보기 위해서는 꽤 많이 걸어야 하므로 편한 복장과 운동화는 필수다. 좁고 어두운 골목이 많아 밤늦은 시간에는 집시나 소매치기를 조심해야 한다.

***무어인:**
711년부터 이베리아반도(지금의 스페인, 포르투갈 지역)에 나타난 아랍계 이슬람교도

알바이신 지구 전체를 다 둘러보는 데는 두 시간 반 정도 소요되는데, 그라나다 마을이 한눈에 내려다보여 아름다운 경치도 즐길 수 있다. 알바이신을 둘러보고 난 후, 바로 숙소로 들어가기 아쉬워 스페인 남부 전통 음악과 춤인 플라멩코 공연을 관람했다.

플라멩코 공연장은 대학로의 작은 소극장과 비슷했다. 티켓에는 음료 한 잔이 포함되어 있었고, 원하는 음료와 교환 후 지정된 자리에 앉으면 된다. 남자 댄서와 여자 댄서가 진지하고 차가운 분위기에서 웃음기 없는 얼굴로 열정적인 춤을 보여주는데, 마치 광란의 퍼포먼스를 본 듯 기가 다 빠져나가는 느낌이 들 정도다.

다음 날, 그라나다에서 가장 유명한 알함브라 궁전에 갔다. 우리나라에서는 박신혜, 현빈 배우가 열연한 〈알함브라 궁전의 추억〉이라는 드라마로 더욱 유명해진 곳이다. 알함브라 궁전의 티켓은 미리 예매해야 하는데, 그중 특히 아름답기로 유명한 나사르 궁전은 정해진 관람 시간과 관람객의 수를 제한하고 있어 예매가 필수다. 인기가 많아 몇 달 전부터 매진되지만, 하루 전날 자정이 넘어가면 취소 표를 풀기 때문에 그때를 노려보는 것도 좋다. 나 또한 전날 새벽에 알람을 맞춰 가며 시도한 끝에 아침 시간으로 예매할 수 있었다.

버스를 타고 도착한 알함브라 궁전에서 티켓을 보여주고 한국어 오디오 가이드를 빌려 입장했다. 알함브라 궁전은 스페인에 마지막으로 남아 있는 이슬람 국가의 궁전으로, 다른 유럽에서는 느낄 수 없는 독특한 분위기를 풍긴다.

궁전 곳곳을 장식하고 있는 *아라베스크 무늬는 그 섬세함에 감탄을 금치 못하게 되고, 우주를 연상케 하는 천장 장식은 아라베스크 무늬에 끝없이 갇힐 것 같은 느낌을 준다. 이슬람 양식의 궁전이지만 후에 그리스도교의 지배를 받으며 여러 양식이 조화롭게 이루어진 모습 또한 알함브라 궁전만의 독특한 아름다움이다. 천천히 둘러보는 데 세 시간 정도 걸린다.

***아라베스크 무늬:** 아랍인이 창안한 장식 무늬로, 식물의 줄기와 잎을 도안화하여 기하학무늬로 배합시킨 것이다.

알함브라 궁전을 나오자마자 갑자기 천둥 번개와 함께 비가 쏟아졌다. 우기에 스페인을 방문한다면 아무리 쨍쨍한 날씨라 할지라도 우산을 꼭 챙기는 것이 좋다. 다행히 해가 지기 전 비가 그쳐 그라나다의 야경을 볼 수 있었다. 그라나다에는 유명한 산니콜라스 전망대가 있는데, 이곳은 항상 관광객들로 붐빈다. 거기에서 좀 더 올라간 곳에 위치한

두고 두고 생각날 정도로 이국적이고 아름다운 알함브라 궁전

산미구엘 전망대가 더 좋다고 호텔 직원이 추천해 주어서 산미구엘 전망대로 향했다.

산미구엘 전망대가 있는 언덕까지 한 번에 가는 버스가 있다. 버스를 타고 도착하니 몇몇 관광객들과 젊은이들이 모여 일몰을 감상하고 있었다. 나도 그들 사이에 자리를 잡고 앉아 서서히 해가 지는 황홀한 광경을 감상했다. 진한 황금빛으로 주위가 물들더니 해가 잠기는 마지막 순간 그라나다 시내가 붉게 물들었다. 해가 지고 깜깜해지기 시작하자 그라나다 마을에 하나둘씩 불빛이 들어오기 시작했고, 맞은편에 있던 알함브라 궁전에도 조명이 켜졌다. 도시가 완전히 어둠에 잠기고 마을과 궁전에서 흘러나오는 빛들만 가득 채워지고 나서야 다시 시내로 내려왔다. 내려오는 길이 어두워서 혼자 가는 것보다는 여러 사람이 함께 모여서 다녀오는 것이 좋다.

숙소로 돌아가기 전, 출출해진 배를 채우기 위해 타파스를 먹으러 갔다. 무려 100년도 더 된 곳이어서 그런지 사람들로 발 디딜 틈이 없었다. 샹그리아를 주문하자 조개찜과 칼라마리 튀김이 나왔다. 타파스임에도 불구하고 양이 엄청나서 타파스를 먹기 위해 술을 계속 시키게 되는 이상한 상황이 벌어졌다.

세비야 여행의 보석 같은 곳, 세비야 대성당

스페인에 온 지 7일째 되는 날, 세비야로 가기 위해 버스터미널까지 가는 지하철역으로 갔다. 그런데 아무리 기다려도 오지 않는 지하철에 불안감이 커질 무렵, 안내 방송이 흘러나왔다. 열차의 결함으로 20분 정도 늦게 도착할 예정이라는 방송이었다. 하지만 20분이 지나도 열차는 오지 않았고, 직원에게 문의하니 정확한 도착 시각을 알 수 없다는 답변만 돌아왔다. 고민하던 나는 버스를 타려고 서둘러 지하철역을 빠져나왔다. 버스 정류장을 확인해야 하는데 엎친 데 덮친 격으로 갑자기 인터넷이 말썽이었다. 다른 경로를 검색하기 위해서 나왔던 호텔까지 캐리어를 들고 전력 질주를 하기 시작했다. 호텔에 도착해서 와이파이를 연결하고 경로를 확인했을 땐, 버스를 타면 늦어버리는 상황이었다. 세비야로 가는 버스를 포기해야 하는지 고민하고 있던 순간, 도로에 서 있는 택시가 보였다. 황급히 택시를 타서 다행히 제 시간에 도착했다. 버스에 올라타고 보니 출발 3분 전이었다.

세비야까지는 버스로 두 시간 반 정도 걸린다. 세비야에 도착하고 숙소를 찾아갔다. 아침부터 힘을 빼서 그런지 방에 들어갔더니 긴장이 풀리면서 침대에 쓰러져 잠들어버렸다. 저녁 9시가 되어 일어나 스페인 광장까지 걸어갔다. 화려한 조명이 켜진 스페인 광장은 낮과는 다른 매력이 있다. 천천히 스페인 광장을 둘러본 다음 세비야 대성당으로 향했다. 관람 시간이 끝나 문은 굳게 닫혀 있었지만 높이 쏘아 올린 조명으로 성당의 크기를 짐작해 볼 수 있었다.

세비야에서의 본격적인 여행 첫날, 낮에 다시 찾아간 스페인 광장은 관광객들로 북적거렸고, 어젯밤 자세히 보지 못했던 타일 모자이크 그림이 눈에 띄었다. 스페인 각지의 중요한 역사적 사건들을 타일 모자이크 그림으로 기록해 놓은 것인데, 색이 화려하고 이국적이다. 스페인 광장 옆으로는 마리아 루이사 공원이 크게 자리하고 있다. 아침 햇살을 느끼기엔 더없이 좋은 장소다.

세비야 대성당의 콜롬버스의 묘와
7천 개로 이루어진 파이프 오르간이 꽤 인상적이다

세비야 여행의 하이라이트는 세비야 대성당이다. 세비야 대성당은 무려 1세기에 걸쳐 건축되었으며, 여러 양식이 섞여 있는 건축물이다. 모르면 놓칠 수 있는 부분이 많기 때문에 미리 정보를 알아보거나 투어를 이용해 설명을 듣는 것을 추천한다. 처음엔 이슬람 사원으로 지어져서 세비야 대성당만의 특이점을 발견하는 것 또한 재미있다. 지어진 순서에 따라 양식의 발자취를 따라가는 것도 세비야 대성당에서 찾을 수 있는 재미다.

화려하기로 유명한 중앙 제단과 7천 개로 이루어진 파이프 오르간, 콜럼버스의 묘까지! 세비야 대성당은 세비야 여행의 보석 같은 곳이다. 특히 죽어서도 스페인 땅에 묻히기 싫다던 콜럼버스의 유언에 따라 네 사람이 관을 들고 있는 모습의 콜럼버스 묘는 꽤 인상적이다. 세비야 대성당에는 세비야 시내를 한눈에 내려다볼 수 있는 히랄다 탑이 있으니 꼭 한 번 올라가서 감상하길 바란다.

세비야의 플라멩코 박물관에서는 플라멩코 공연을 한다. 세비야 대성당 투어를 같이 했던 일행들의 적극적인 추천으로 관람하게 되었다. 악사와 가수, 그리고 남자 댄서 한 명, 여자 댄서 두 명이었다. 그라나다 플라멩코 공연과는 다르게, 밝은 색상의 옷을 입고 환한 미소와 함께 공연을 이어가는 그들에게서 밝고 긍정적인 에너지가 느껴졌다. 재치 있는 안무와 표정으로 관객들까지도 미소 짓게 하는 공연이다.

9일 차에는 스페인의 마지막 여행지이자 수도인 마드리드로 향했다. 스페인을 여행할 땐 출발지와 도착지를 마드리드와 바르셀로나로 나누는 것을 추천한다. 두 곳 모두 많은 항공사가 취항하고 있기 때문에 비행기 티켓을 구하는 것은 어렵지 않다. IN/OUT을 다르게 하면 스페인 여행에서 루트를 정하기도 쉽다.

마드리드에서 꼭 들러야 할 곳 중 하나는 프라도 국립 미술관이다. 파리의 루브르 박물관, 상트페테르부르크의 에르미타주 미술관에 이어 세계 3대 미술관으로 불리며, 8,000점이 넘는 방대한 예술 작품을 소장하고 있다.

한국어 오디오 가이드가 있어 투어를 이용하지 않아도 설명과 함께 작품을 감상할 수 있다. 다만 미술관 내에서는 사진 촬영이 금지되어 있다. 방대한 예술 작품을 다 감상하려면 며칠이 걸리겠지만 오디오 가이드의 추천 코스를 따라 관람하면 세 시간 정도로도 관람이 가능하다. 특히 스페인 황금기에 활동했던 엘 그레코, 벨라스케스, 고야 등 유명한 화가의 작품들이 많이 전시되어 있다.

10일 차, 한국으로 떠나는 날을 제외하면 스페인 여행의 마지막 날이라고도 할 수 있다. 현지 투어를 이용해 톨레도와 세고비아에 다녀왔다.

마드리드에서 차로 한 시간 정도 걸리는 곳에 위치한 톨레도는 타구스 강이 굽이져 흐르는 아름다운 곳이다. 톨레도를 대표하는 톨레도 대성당은 250년 이상 걸린 건축물이라 다양한 양식이 섞여 있다. 성당 내부의 예술 작품들과 스테인드글라스, 조각 작품 등은 톨레도 대성당의 중요한 감상 포인트다.

세고비아는 톨레도에서 차로 한 시간 40분 정도 걸린다. 알카사르 성은 일명 '백설 공주 성'이라는 별칭을 가지고 있는데, 알카사르 성의 아름다움에 영감을 얻어 디즈니 백설 공주 성이 탄생했다고 한다. 콜럼버스에게 신대륙 진출의 재정적 지원을 해준 이사벨라 1세의 즉위식을 거행한 곳으로도 유명하다.

세고비아의 또 다른 명소로는 로마 시대에 만들어진 수도교가 있다. 이 수도교는 프리오 강에서부터 세고비아 시내까지 물을 공급하기 위해 만든 것으로, 무려 16킬로미터에 달한다. 지상에 세워진 거대한 수도교의 웅장함에 감탄할 수밖에 없다.

11일 동안 스페인 여행을 하며 바쁘게 돌아다녔지만, 스페인의 30퍼센트도 못 본 것 같다. 스페인은 종교, 예술, 건축 등 시대별로 다양한 문화와 양식이 혼합되어 있어, 유럽의 보물 같은 곳이다. 만약 4일 이상 시간적인 여유가 더 있다면 포르투갈의 리스본과 포르투 지역까지 여행하는 것을 추천한다. 리스본은 에그타르트의 본고장이며, 신트라라는 아름다운 성이 있는 곳이다. 포르투에서는 포르투갈 전통 음악인 파두 공연을 즐기거나 와이너리 투어를 통해 맛있는 포트 와인을 마셔볼 수 있다.

Tip

추천! 스페인 여행 일정

· 1일 차 : 인천—바르셀로나, 고딕 지구 산책(카탈루냐 음악당-바르셀로나 대성당-바르셀로나 시청), 벙커 야경, 카탈루냐 광장, 타파스

· 2일 차 : 구엘 공원, 카사 바트요, 카사 밀라, 사그라다 파밀리아 성당, 바르셀로네타 해변, 람블라스 거리, 구엘 저택, 가우디 가스등, 피카소 카페, 몬주익 언덕&분수쇼

· 3일 차 : 몬세라트, 시체스

· 4일 차 : 사그라다 파밀리아 성당 내부 관람, 피카소 미술관, FC 바르셀로나 축구 경기 관람

· 5일 차 : 바르셀로나—그라나다, 알바이신 워킹 투어, 플라멩코 관람

· 6일 차 : 알함브라 궁전, 산미구엘 전망대, 타파스

· 7일 차 :그라나다—세비야, 세비야 야경, 타파스

· 8일 차 : 스페인 광장, 마리아 루이사 공원, 세비야 대성당, 플라멩코 박물관

· 9일 차 : 세비야—마드리드, 프라도 국립 미술관

· 10일 차 : 톨레도, 세고비아

· 11일 차 : 마드리드—인천

도심과 디즈니랜드, 라스베이거스까지 즐긴다! LA

화려한 도시의 불빛과 패셔너블한 사람들, 복잡하고 시끄러운 거리. LA, 뉴욕, 상하이, 런던, 파리, 서울, 도쿄 등 쉽게 떠올릴 수 있는 전 세계의 대도시는 호불호가 명확히 나뉘는 여행지다. 어떤 이들은 도시가 너무도 복잡하고 획일적이어서 싫다고 하지만, 어떤 이들에게는 꿈을 펼칠 수 있고 기회를 잡을 수 있는 매력적인 곳이다.

대도시 중에서도 가장 많은 관광객이 찾는 곳 가운데 하나가 미국의 LA다. LA라는 도시 자체만 여행하기에도 시간이 많이 걸리지만, LA 근교에 위치한 라스베이거스와 샌프란시스코까지 포함한 여행 코스를 소개하고 싶다.

LA는 미국에서 가장 많은 한인이 사는 도시다. 하루에 네 편 이상이 인천과 LA 하늘을 오가고 있다. 인천에서 LA까지 비행 시간은 열한 시간으로, 낮과 밤이 완전히 뒤바뀌는 미국 시차에 적응하기 위해서는 도착한 첫날이 가장 중요하다. 인천에서는 저녁에 출발했지만, LA에는 같은 날 낮에 도착하게 된다. 호텔에 도착해도 저녁때까지 잠들지 않고 버티는 것이 첫날부터 시차에 잘 적응할 수 있는 방법이다. 다운타운에 숙소를 잡고 가까운 피그엣세븐스(FIgat7th) 쇼핑몰에서 저녁 식사와 쇼핑을 하며 시간을 보내다 어두워지기 시작하면 호텔로 돌아가 휴식을 취하는 것이 좋다.

본격적인 여행이 시작되는 두 번째 날, LA식 브런치를 즐기며 하루 일정을 시작했다. 항상 줄 서서 먹는 맛집인 에그슬럿이 위치한 그랜드센트럴 마켓까지 아침 산책 겸 걸어갔다. 윤기가 좌르르 흐르는 번 사이에 치즈와 달걀이 가득 들어간 샌드위치와 오렌지를 통으로 갈아 만든 신선한 오렌지주스가 정말 찰떡궁합이다. 캘리포니아의 첫 아침 햇살을 받으며 먹는 에그슬럿의 샌드위치와 오렌지주스의 맛은 가히 환상적이다.

건강과 맛을 둘 다 챙겨주는
에그슬럿 샌드위치

다운타운에서 지하철을 타고 도착한 산타모니카 해변 모래사장에는 항상 선탠하는 사람들로 붐빈다. 해변 옆으로는 작은 놀이동산이 있고, 해변 반대쪽은 카페, 식당, 숍 등이 끝없이 늘어서 있다.

다운타운의 웨스턴보나벤처 호텔은 영화 〈인터스텔라〉에서 연구소의 한 장면으로 나왔던 곳이다. 34층의 '보나비스 리볼링 라운지'는 360도 회전하는 스카이라운지로, 가만히 앉아서 LA 야경을 360도로 감상할 수 있다. 회전을 전혀 느끼지 못할 정도로 천천히 움직이는 데다 시시각각 좀 전과는 다른 야경이 펼쳐져 색다른 멋이 있다.

LA 여행 3일 차에는 유니버설 스튜디오로 향했다. 유니버설 스튜디오는 미국 유명 영화를 주제로 한 테마파크로, 미국의 LA, 올랜도, 일본 오사카, 중국의 베이징, 싱가포르의 센토사섬에 있다. 어린이들뿐 아니라 어른들까지 열광하게 만드는 《슈렉》 3D, 《킹콩》, 《트랜스포머》, 《해리포터》 등 영화 속 세상을 현실처럼 체험해 볼 수 있다.

루트를 정할 때 보고 싶은 공연의 상연 시간을 기준으로 공연장 근처에 있는 놀이 기구들을 먼저 타게끔 계획을 세우는 것이 좋다. 인기가 많은 놀이 기구는 한 시간 넘게 기다려야 하지만, 웃고 떠들다 보면 기다리는 시간도 재미있게 흘러간다.

패키지 투어를 활용한 미국 서부 여행

미국 서부 투어 중 가성비 좋은 패키지 코스를 일정에 넣었다. 호텔 체크아웃 후, 패키지 출발 약속 장소로 출발했다. 투어 버스를 타고 이동할 곳은 라스베이거스다. 미국 서부 투어는 교통편이 불편하기 때문에 차가 없다면 패키지 투어를 추천한다. 패키지 투어인 만큼 빡빡한 스케줄은 고려해야 한다. 저녁쯤 라스베이거스에 도착하면 사막 한가운데 화려하게 빛나는 도시 라스베이거스를 구경하자. 특색 있는 테마로 꾸며진 엄청난 규모의 호텔들과 눈을 즐겁게 하는 분수쇼, 잭팟이 터지길 기대하는 겜블러들로 가득 찬 카지노까지. LA와는 또 다른 라스베이거스만의 자유로운 매력을 느낄 수 있다. 라스베이거스에서는 매일 밤 화려한 쇼가 열린다. 르레브 쇼, O쇼, 카쇼 등 취향에 맞는 쇼를 관람하는 것도 좋다. 풀 파티나 클럽에서 라스베이거스의 멋진 언니, 오빠들과 음악을 즐기는 것도 추천한다. 클럽은 복장 제한이 엄격한 편이니 화려한 옷 한 벌씩 준비하는 센스도 필요하다.

LA에 도착한 지 5일째 되는 날에는 호텔 조식으로 아침을 시작했다. 미국 하면 떠오르는 대표적인 관광지 중 하나인 그랜드캐니언은 라스베이거스와 멀지 않은 곳에 있다. 콜로라도강이 만들어낸 광활한 협곡으로 대자연을 흠뻑 느낄 수 있는 곳이지만, 가파른 낭떠러지가 많다. 울타리나 안전장치들이 거의 없기 때문에 무리한 셀카를 찍는 행위나 장난을 치는 행동은 조심해야 한다. 실제로 보고 있어도 비현실적인 자연

벨라지오 호텔 분수쇼

의 위대함에 CG나 홀로그램 영상을 보는 듯한 착각이 들 정도다.

그랜드캐니언에서만 즐길 수 있는 다양한 투어들도 있다. 그중 헬기 투어는 헬기를 타고 협곡 위를 날며 콜로라도강을 내려다보는 투어다. 하늘 높은 곳에서 그랜드캐니언을 보고 싶은 사람들에게는 추천하지만, 멀미가 심하다면 권하지 않는다. 이외에도 래프팅, 트래킹 등 광활한 자연을 직접 체험할 수 있는 투어들이 많다.

6일 차는 버스에서 대부분의 시간을 보냈다. 잠시 카우보이 마을로 불리는 바스토에 들르는 것이 일정의 전부다. 식사 시간 빼고는 버스에서 대부분의 시간을 보내야 하니 그동안 부족했던 수면을 채워두는 것도 방법이다. 담요, 목 베개, 편한 옷, 귀마개, 안대 등을 미리 챙겨가자.

7일째 되는 날의 목적지는 요세미티 국립공원이다. 하늘 높이 솟아 있는 암벽들로 유명한 공원이다. 빼곡하게 솟은 나무들이 파란 하늘을 덮어 장관을 이루고, 맑은 피톤치드가 코끝에 향긋함을 전달해 준다. 산림욕을 하며 새들이 지저귀는 소리를 쫓아가면 높게 솟은 나무들 사이로 요세미티 폭포가 보인다. 밑에서 위를 올려다보면 꼭 하늘에서 물이 떨어지는 것처럼 폭포 위가 아득히 멀게만 느껴진다.

8일 차에 방문한 도시는 샌프란시스코다. 샌프란시스코는 부산과 느낌이 비슷하다. 가파른 언덕이 많아서 영화에 많이 등장하는 트램이 있다. 트램을 타고 언덕 위로 올라가면 밑으로 마을과 바다가 보이는데, 그 뷰가 아주 멋지다. 관광지로는 금문교, 피셔맨즈 와프, 샌프란시스코 시청, 팰리스 오브 파인 아츠 시어터, 골든게이트 파크, 롬바드 거리, 소살리토 등이 있다.

금문교는 많은 반대를 이겨내고 지어진 건축물이다. 조류가 빠르고 거세며, 안개가 빈번하고, 수면 아래의 지형이 복잡해 다리를 건설하기 힘든 구조였음에도 불구하고 4년 만에 멋지게 완공되었다. 지금은 명실상부 샌프란시스코의 대표 관광지이며 전 세계인이 알고 있는 유명한 관광지이기도 하다.

샌프란시스코에서 금문교를 즐길 수 있는 방법은 다양하다. 금문교가 잘 보이는 뷰 포인트에 가서 사진을 남기는 것과 크루즈를 타고 금문교

샌프란시스코의 대표적 상징물, 금문교

아래를 지나며 금문교를 보는 방법이다. 크루즈를 타면 최악의 죄수들을 수용했다는 알카트라즈 교도소도 가까이에서 볼 수 있다.

샌프란시스코의 또 다른 대표 관광지 골든 게이트 파크는 공원 내에 버스가 다닐 정도로 넓다. 일본 정원과 같이 콘셉트가 특별한 테마별 공원도 있다. 공원 규모가 상당해서 자전거 타는 것을 추천한다.

샌프란시스코는 도시 전체가 가파른 언덕으로 되어 있다. 그래서 1층 겸 지하실이 되는 집들이 많다. 롬바드 거리는 급경사로 된 언덕에 만들어진 '세계에서 가장 구불구불한 도로'라는 별칭을 가진 곳이다. 급경사 때문에 8개의 급커브 길로 이루어진 이 도로는 많은 사람들이 차를 타고 내려가기 위해 줄을 서서 대기하고 있는 곳이기도 하다.

팰리스 오브 파인 아츠 시어터는 신혼부부들의 인기 촬영 장소다. 피셔맨즈 와프에서 여유롭게 누워 있는 바다사자들을 구경할 수도 있다. 피셔맨즈 와프에는 클램차우더 수프를 비롯해 해산물 요리가 맛있는 식당이 많다. 자전거를 타고 금문교부터 소살리토까지 여행하는 것도 색다른 경험이 될 것이다.

다음 날, 다시 LA로 가는 길에 아름다운 해안도로인 몬트레이 17마일 드라이브 코스를 즐길 수 있으며, 도중에 미국 속의 덴마크 마을로 불리는 솔뱅마을에 잠시 정차하여 아기자기하고 예쁘게 꾸며놓은 덴마크 마을을 관람하는 것도 추천한다. 이렇게 하면 5박 6일 동안의 미국 서부 투어가 끝난다.

한국 사람이라면 이쯤에 슬슬 생각나는 것이 있다. 바로 한식이다! 미국에 온 지 9일 정도 됐으니 햄버거, 스테이크, 빵은 질리도록 먹었을 것이다. 코리아타운의 한인 식당은 한국보다 맛있는 것으로 유명하다. 역으로 코리아타운에서 한국까지 진출한 프랜차이즈 음식점도 많다. 긴 여행을 무사히 마친 기념으로 오늘 저녁만큼은 LA 코리아타운에서 한식 만찬을 즐겨보자. 웬만한 한식 메뉴는 다 먹을 수 있다.

신나는 하루 보내기! 디즈니랜드 파크 또는 캘리포니아 어드벤처

디즈니랜드 역시 다운타운에서 버스로 한 번에 갈 수 있다. 두 시간 정도 소요된다. LA 디즈니랜드는 디즈니랜드 파크와 캘리포니아 어드벤처 2구역으로 나뉜다. 2구역 모두를 하루 만에 보는 것은 불가능하므로 디즈니 팬이라면 디즈니랜드에서 1박을 하며 여유롭게 보는 것을 추천한다. 그렇지 않다면 1일권을 구매해서 원하는 구역만 둘러보는 것도 좋다. 우연히 마주치는 동화 속 주인공 분장을 한 배우들과 기념사진을 찍는 것도 디즈니랜드만의 매력이다. 워낙 규모가 커서 디즈니의 대표 캐릭터인 미키마우스를 마주치기 힘든 곳인데, 우연히 만나 사진을 찍는다면 소원이 이루어진다는 속설도 있다.

이곳에서 빠뜨리지 말아야 할 것은 바로 퍼레이드다. 어른들도 눈이 휘둥그레질 만큼 수준이 높다. 피날레로 멋진 폭죽까지 보면 LA의 하루가 마무리된다.

마지막 날은 체크아웃 후 호텔에 캐리어를 맡기는 것이 좋다. LA 여행의 마지막 장소인 할리우드는 지하철로 갈 수 있다. 한번쯤 할리우드 영화를 보며 멀리 산 위에 'HOLLYWOOD'라고 적힌 글자를 보았을 것이다. 하지만 막상 할리우드에 가면 이 글자를 찾아보기 어렵다. 할리우드 힐이라는 높은 산에 있기 때문이다. 할리우드&하이랜드 쇼핑몰에서는 할리우드 글자가 적힌 간판을 볼 수 있는 전망대가 있다.

미국 영화 산업의 중심인 할리우드에는 길바닥에 유명 배우들의 손바닥과 사인이 있다. 좋아하는 배우의 이름과 사인을 찾아 기념사진을 찍어도 좋다. 한국 배우로는 이병헌과 안성기의 사인이 있다. 할리우드 거리에서 유명 히어로 복장을 하고 돌아다니는 사람들이 종종 있는데, 자연스럽게 접근하여 사진을 찍은 다음 강제로 팁을 요구하기도 하므로 주의한다.

LA를 떠나기 전 마지막으로 할리우드에 있는 기념품 가게를 둘러보는 것도 추천한다. LA의 유명 클럽들이 할리우드에 많다고 하니 할리우드의 화려한 나이트 라이프를 즐겨봐도 좋겠다.

Tip

추천! LA 여행 일정

- 1일 차 : 인천—LA, 웨스턴 보나벤처 호텔, 피그엣세븐스
- 2일 차 : 에그슬럿, 산타모니카 해변, 보나비스 리볼링 라운지
- 3일 차 : 유니버설 스튜디오

Tip

4일 차 : 미국 서부 투어 5박 6일 패키지, LA—라스베이거스, 라스베이거스 투어(불의 계곡, 레드락캐니언, 카지노 즐기기, LG 전구쇼, T.I 호텔 해적선쇼, 베네시안 호텔, 벨라지오 호텔 분수쇼, 쇼 즐기기, 노스프리미엄 아울렛)

· 5일 차 : 그랜드캐니언, 후버댐

· 6일 차 : 차량 이동, 바스토 마을

· 7일 차 : 요세미티 국립공원

· 8일 차 : 샌프란시스코 투어(금문교, 피셔맨즈 와프, 샌프란시스코 시청, 팰리스 오브 파인 아츠 시어터, 골든 게이트 파크, 롬바드 거리, 소살리토)

· 9일 차 : 몬트레이 17마일 드라이브 코스, 솔뱅마을—LA, 코리아타운

· 10일 차 : 디즈니랜드

· 11일 차 : 할리우드(할리우드&하이랜드 쇼핑몰, 맨스 차이니즈 극장, 코닥 시어터 등), LA—인천

그 외 가볼 만한 곳

· 아트 디스트릭트 : 예술가들의 거리

· 그리피스 파크&천문대 : 영화 〈라라랜드〉 촬영지

· 게티 센터 : 무료 미술 박물관

· 다저 스타디움 : 야구 경기 일정이 맞는다면 직관 추천

· 시타델 아웃렛, 그로브 몰 : 쇼핑몰

· 식스 플래그 매직 마운틴 : 스릴 넘치는 놀이 기구

· UCLA, 롱비치, 파머스 마켓, 베벌리힐스, 리틀 도쿄, 월트 디즈니 콘서트홀, 올베라 스트리트, 라구나 비치, 멜로즈 에비뉴, LA시청 전망대 등

In-flight

승무원이 들려주는 시시콜콜 여행 꿀팁

여행을 좋아하는 사람이자 비행기 타는 것이 직업인 사람으로서
경험에서 나온 팁들을 소개하려고 한다.
알고 갔더니 피가 되고 살이 되었던
똑똑하고 편리한 깨알 정보들을 풀어놓은 장이다.

Gate 1

여행 A to Z

발품 팔아 비행기 티켓 사기

비행기 티켓은 항공사 프로모션을 이용하는 것이 가장 저렴하다. 하지만 대부분 항공사 프로모션만 기다리며 컴퓨터 앞에서 마냥 대기할 수는 없으므로 그 외의 방법을 소개해 보려 한다. 만약 프로모션을 놓쳤다면 얼리 티켓팅을 이용하는 것이 저렴하다. 1년 전에 비행기 티켓을 예약하는 게 가장 좋지만, 대부분의 사람들은 1년 전부터 여행을 계획하지 않는다. 보통은 두세 달 전에 티켓팅을 하는데 그럴 때는 휴대폰 앱을 이용하는 것이 좋다. 다만 결제 단계에서 요금이 높아질 수 있으므로 앱을 통해 확인한 항공권의 항공사 공식 홈페이지로 들어가 최종 단계 요금을 비교한 후 더 저렴한 것으로 결정한다.

학생 때는 조금이라도 저렴한 항공권을 구입하기 위해 경유 티켓을 애용하는 경우가 많았다. 시간이 많기 때문에 경유하는 나라에 들러 잠시라도 여행하는 즐거움도 컸다. 그러나 지금은 직항을 추천하는데, 비행기가 자주 연착되고, 연결 편을 놓칠 경우 골치 아픈 상황이 발생하기 때문이다. 비행기가 연착되어 다음 비행기를 놓쳤을 경우, 두 구간을 같은 항공사의 항공권을 구입했을 때는 그나마 낫다. 같은 항공사에서 다음 비행 편으로 대체해 주거나 다른 보상을 마련해 줄 가능성이 높기 때문이다.

하지만 개별적으로 인터넷을 통해 서로 다른 항공사의 항공권을 구매했을 때는 보상이 복잡해진다. 아무리 환승 시간을 다섯 시간 이상씩 잡더라도 비행기는 한 번 연착되면 기약할 수 없어서 환승 자체가 위험 부담을 안고 가는 것이나 마찬가지다. 따라서 가능하다면 직항을 이용하되, 직항이 없다면 최종 목적지에 최대한 가깝게 가는 것이 낫다. 연결 편 항공기를 놓쳤다 하더라도 가까운 공항에 내렸다면 그곳에서 출발하는 대체 가능한 항공편이 많아서 예상 피해 금액도 줄일 수 있기 때문이다.

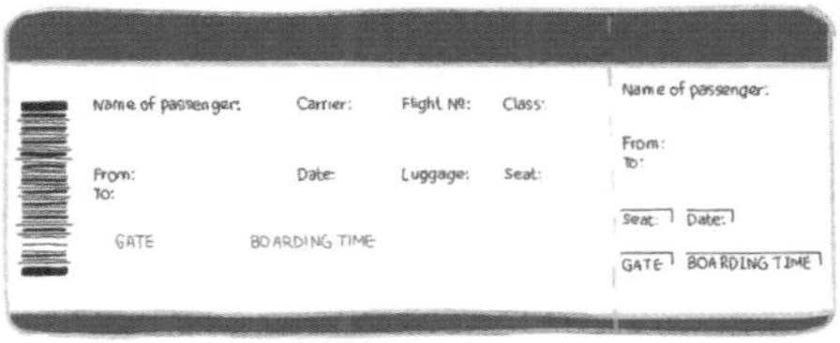

여행 가방을 쌀 때 기억할 것 5가지

만약 1분 안에 짐 잘 싸는 대회가 있다면 우승자는 퇴직을 앞둔 승무원이 아닐까 싶다. 그만큼 승무원은 짐 싸기의 달인이다. 승무원이 되기 전에는 매번 캐리어 무게가 15킬로그램이 넘었고, 저가 항공기를 이용할 땐 추가 요금을 내는 경우도 다반사였다.

하지만 승무원 10년차가 되니 장거리 레이오버도 행어 하나면 문제없다. 작은 가방(세컨드 백)에는 비행에 필요한 물건만 넣기 때문에 해외 체류 시 필요한 물건은 사실상 행어에 다 들어간다. 짐 쌀 때마다 터득한 가장 큰 깨달음은 1박이든 4박이든 가져가야 할 물건은 거의 같다는 점이다. 추가되는 것은 옷밖에 없다. 짐을 쌀 때는 5가지만 기억하면 된다.

'씻을 것, 바를 것, 입을 것, 신을 것, 준비할 것.'

씻을 것은 샤워할 때 필요한 물건들로 최대한 샘플을 이용해 부피와 무게를 줄여야 한다. 바를 것 또한 기초 화장품들인데 샘플을 이용하면 짐을 줄일 수 있다. 몇몇 남자 승무원들은 호텔에서 제공되는 어메니티를 이용해서 씻는 것과 바르는 것을 동시에 해결하는 경우도 있다. 입을 것은 잠옷과 속옷을 제외하고 하루에 한 벌 코디를 세트로 챙기면 된다. 머릿속으로 날짜에 따라 입을 옷을 생각해

기초 화장품 샘플

서 짐을 싼다면 입지도 않을 옷들을 무겁게 가져가 그대로 다시 가져오는 불상사를 막을 수 있다. 겨울철 두꺼운 옷이 필요하다면 무조건 입고 가거나 경량 패딩을 이용하는 것이 현명하다.

신을 것은 편하고 가벼운 신발 하나면 충분하다. 여름이라면 조리를, 그 외의 계절은 스니커즈를 추천한다. 좋은 식당에 갈 일이 있거나 중요한 약속이 있다면 격식에 맞는 구두를 하나쯤 챙기는 것도 좋다. 마지막으로 준비할 것은 화장품이나 헤어용품, 액세서리 등인데, 파우치 하나에 몰아서 가져가는 것을 추천한다. 이런 것들도 무작정 챙기기보다는 코디해 둔 의상과 매치할 수 있는 것만 가져가는 것이 짐을 줄이는 방법이다.

그러나 짐을 적게 가져간다 하더라도 캐리어의 공간 활용을 못하면 아무 소용 없다. 캐리어의 무게나 크기가 여행의 질을 결정한다는 것은

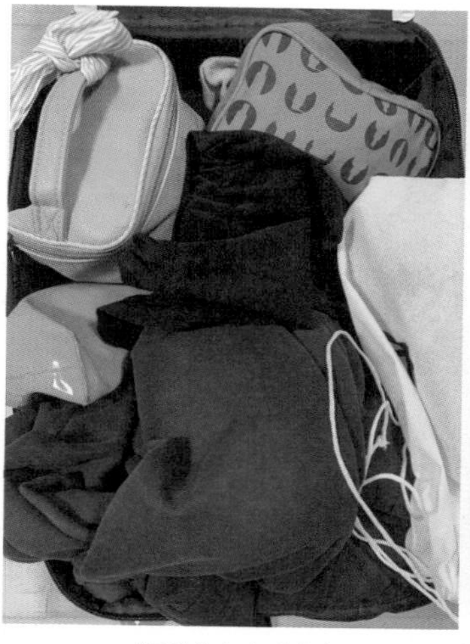

아무렇게나 싼 캐리어

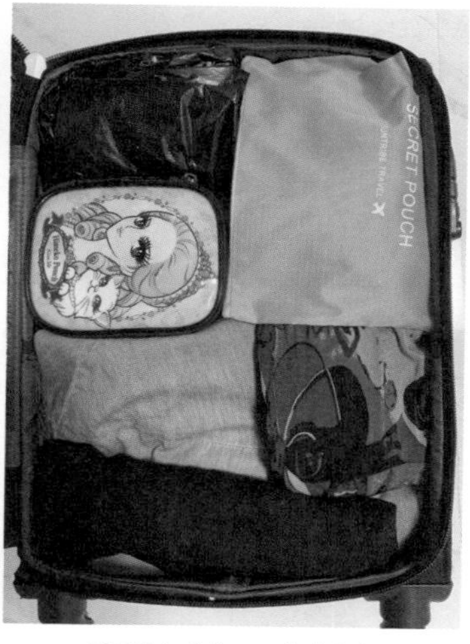

테트리스 방식으로 싼 캐리어

여행을 해본 사람이라면 다 공감할 것이다. 이때 필요한 스킬은 일명 '테트리스'다. 5가지 중요한 물건들을 모두 챙겼다면 공기를 최대한 빼 부피를 줄인다. 대부분의 캐리어는 직사각형 모양을 하고 있기 때문에 캐리어 모서리까지 빈틈없이 모든 짐들을 채워 넣어야 한다. 주로 납작하고 큰 짐들을 밑에 깔고 차근차근 빈자리를 채워가는 것이 좋다. 이렇게 하면 나중에 캐리어를 열었을 때, 물건을 한눈에 볼 수 있을 뿐 아니라 물건을 찾기도 쉽다.

마지막으로, 챙겨 가면 의외로 유용한 물건들을 소개하려고 한다. 첫 번째는 볼펜이다. 나조차도 매번 볼펜을 잊어버리는 일이 많은데, 기내에서 입국 신고서나 세관 신고서 작성 시 꼭 필요한 물건이 볼펜이다. 매번 승무원에게 달라고 하기도 번거롭고, 기내에는 일정 수량만 실리기 때문에 빌리지 못하는 경우도 생길 수 있다.

두 번째는 휴대용 젓가락과 숟가락이다. 젓가락은 많이들 챙기지만 의외로 숟가락이 없어서 고생하는 경우가 많다. 숟가락을 구하기가 쉽지 않으므로 휴대용 수저 세트를 들고 다니면 편리하다.

캡모자도 활용도가 높다. 외출 준비하기 귀찮거나 갑자기 비나 눈이 올 때, 햇빛이 강할 때 유용하게 쓰인다.

휴대용 가습기는 추운 나라를 여행할 때 많이 쓰인다. 외국은 우리나라의 바닥 난방과 달라서 난방을 하면 공기가 건조해진다. 너무 건조한 상태로 자고 일어나면 목이 따갑거나 코피가 날 수 있으므로 가볍고 작은 휴대용 가습기를 가져가는 것도 도움이 될 것이다.

캐리어의 무게와 액체류 반입 확인은 필수

국내 항공사의 경우에는 위탁 수하물 분실 우려가 거의 없고 고장도 적다. 그러나 외국의 몇몇 저가 항공사는 위탁 수하물 분실이나 고장이 빈번하다. 나 또한 캐리어 바퀴가 떨어진 적이 있어서 여행 내내 바퀴 없는 캐리어를 들고 다니느라 고생한 적도 있다. 항공사 측에 보상을 요구했지만, 저가 항공사는 보상 금액이 5만 원도 안 된다.

한국 승객들은 휴대 수하물이 거의 없다. 반면에 외국 승객들은 되도록 짐을 가지고 탄다. 특히 악명 높은 유럽 저가 항공사를 이용하는 유럽인들은 기내용 캐리어를 꼭 들고 탑승한다. 외국 항공사를 이용할 예정이라면 위탁 수하물과 휴대 수하물에 넣을 짐을 잘 구분해 놓는 것이 좋다. 비싼 물건은 휴대 수하물에 넣고, 액체류는 위탁 수하물로 보낸다.

보안 검사를 빨리 통과하기 위해서는 휴대 수하물의 액체류도 체크해 볼 필요가 있다. 국제선의 경우, 물건의 용기가 100ml를 넘지 않고 총합이 1L 이하인 액체류만 기내 반입을 허용하고 있다. 따라서 미리 1L 백을 구해 액체류를 한 곳에 담아두면 보안 검사에서 시간이 지체되는 것을 방지할 수 있다. 우리나라는 국내선 액체류 규정이 따로 없다. 하지만 외국에서는 국내선도 국제선과 같은 기내 반입 액체류 규정이 있는 곳이 많으므로 외국 공항을 이용한다면 사전에 꼭 확인해야 할 부분이다.

기내 반입 수하물과 위탁 수하물의 규정과 오버차지 금액은 항공사마다 달라서 항공사 홈페이지를 확인하는 것이 중요하다. 무게가 넘을 수밖에 없는 상황이라면 온라인으로 미리 지불하는 것이 더 저렴하다.

공항에서 탑승 수속 시간을 줄이는 법

비행기를 타러 갈 때는 보통 세 시간 정도 일찍 공항에 도착한다. 많은 사람을 한 번에 인솔해야 하는 패키지 여행은 예상치 못한 상황에 대비하여 공항에서 만나는 시간을 좀 더 일찍 잡는다.

제2터미널이 생기면서 인천공항의 혼잡이 많이 줄었지만, 예전에는 카운터가 오픈하는 오전 6시부터 11시까지 혼잡 그 자체였다. 보안 검사 줄이 너무 길어 일찍 와도 비행기를 놓치는 상황이 발생하기도 했다. 주말이나 휴일이면 사람들이 더 몰릴 것에 대비해 더 일찍부터 공항에 왔고, 공항은 더욱 혼잡해졌다. 그 이유는 9시 비행기든, 11시 비행기든 사람들이 모두 공항이 혼잡할 것을 대비해 오전 6시에 도착하기 때문이다. 그러면 오전 6시에 탑승객들이 한 번에 몰리게 되고, 더 이른 시간에 출발하는 비행기에 탑승 예정인 승객들은 비행기를 놓칠 가능성이 높아지는 것이다. 그렇게 폭풍 같은 오전 시간대가 지나고 나면 공항은 잠깐 한가해진다. 그러므로 출발 전부터 공항에서 진을 빼지 않으려면 오후 이후의 비행기를 예약하는 것을 추천한다.

그러나 탑승 시간을 선택할 수 없는 불가피한 경우 혼잡한 시간에 공항에 올 수밖에 없다. 그럴 때는 미리미리 모바일·웹 체크인을 해오면 기다리는 시간을 줄일 수 있다. 모바일·웹 체크인은 휴대폰 앱이나 컴퓨터에서 항공기 출발 전에 온라인으로 체크인할 수 있는 기능이다. 좌석도 미리 지정할 수 있다.

보안 검색대에서도 시간이 많이 지체된다. 특히 액체류 중에서도 물은 여행자들이 가장 많이 실수하는 부분이다. 작은 칼이나 가위 등이 문제가 되기도 한다. 노트북과 패드를 가방에서 꺼내 놓지 않았다거나 주머니에 동전 또는 휴대폰 등을 넣은 채로 통과했다면 검색대를 다시 통과해야 한다.

요즘 많이 들고 다니는 휴대용 보조배터리는 위탁 수하물이 불가능하기 때문에 꼭 기내로 들고 타야 한다. 항공기 지연 사유 1위가 위탁 수하물에 휴대용 보조배터리를 넣은 경우다.

장애인, 노약자, 임산부 등은 보안 검색대에서 교통 약자 출국 우대 서비스를 이용하면 빨리 통과할 수 있다. 해당 항공사의 체크인 카운터에서 이용 대상자임을 확인받고 '교통자 우대카드'를 받아 전용 출국장 입구에서 여권과 함께 제시하면 된다.

Tip

***웹 체크인 서비스 가능 시간**

· 대한항공

국내선(출발 48시간~40분 전까지) / 국제선(출발 48시간~1시간 전까지) / 미주·캐나다(출발 24시간~1시간 전까지)

· 아시아나

국내선(출발 24시간~30분 전까지) / 국제선(출발 48시간~1시간 전까지) / 미주 노선(출발 24시간 전부터)

· 제주항공, 진에어, 티웨이 등

국내선(출발 24시간~1시간 전까지) / 국제선(출발 24시간~1시간 30분 전까지)

장거리 비행 꼼꼼 완벽 대비

지상과 기내 환경은 많이 다르다. 비행기를 오래 타면 몸이 힘들고 예민해지는데, 이는 지극히 정상적인 몸의 반응이다. 요즘은 기술이 좋아져서 지상과 비슷한 기내 환경이 갖춰지는 중이지만, 여전히 많은 사람들이 장거리 비행을 두려워한다. 그래서 장거리 비행이 힘든 이유를 정리해 보았다.

첫째, 기내는 지상과 기압이 달라서 고막이 찢어지는 듯한 고통을 느낄 수 있다. 이 같은 증상은 나이가 어릴수록 크게 느끼는데, 성인이라 할지라도 비행기를 자주 타지 않거나 감기에 걸린 사람, 중이염이 있는 사람은 이착륙 시 큰 고통을 느끼게 된다.

귀 통증이 심하다면 껌을 씹거나 물을 조금씩 나눠 마셔보는 것이 좋다. 하품을 자주 하고 입을 벌리는 것도 도움이 된다. 이런 것들이 통하지 않을 때는 시중에서 판매하는 '기압차 귀마개'를 사용해 보자. 일회용이 아니어서 계속 사용할 수 있고, 비행기를 탈 때마다 챙기고 다니면 심리적으로도 안정감을 준다.

기압 차로 인한 불편한 증상은 식음료를 먹을 때도 나타난다. 항공사 측에서는 승객들이 과도한 음주를 하지 못하도록 알코올 제공에 대한 규정이 있다. 하지만 컨디션에 따라 적은 양으로도 취할 수 있으므로 본인의 컨디션을 잘 확인해야 한다. 기내에서 술을 마시면 지상보다 더 빨리 취한다.

많은 승객들이 '술을 빨리 마시고 자려고 한다.'라고 말하지만, 실제로 기내에서는 술기운에 잠드는 것이 어렵다. 오히려 좁은 좌석에서 술기운이 올라오면 머리가 어지럽거나 울렁거려 더 잠이 오지 않는다. 평소 본인 주량의 절반 이하로 마시는 것이 바람직하다.

둘째, 기내는 건조해서 목이 따갑고 맑은 콧물이 계속 나오는 증상이 나타날 수 있다. 그래서 나는 승객으로 장거리 여행을 갈 때면 마스크를 꼭 챙긴다. 마스크를 착용하면 마스크 속의 습도가 유지되어 기관지가 건조해지는 것을 막아준다. 평소 안구건조증 증상이 있는 사람들은 기내에서 눈이 뻑뻑하고 충혈되는 경우가 많으므로 인공 눈물을 갖고 다니거나, 되도록 눈을 감고 충분한 휴식을 취하는 것이 좋다.

셋째, 혈액 순환이 원활하지 않아 몸이 부을 수 있다. 비행기에서는 가만히 앉아만 있어도 다리가 퉁퉁 붓는다. 기압 차가 많이 나는 좁은 공간에 계속해서 같은 자세로 앉아 있어야 하므로 혈액순환이 잘 안 되는 것이다.

따라서 비행 때는 몸에 끼는 바지나 레깅스를 피하는 것이 좋다. 압박 스타킹을 신는 것은 도움이 된다. 타이트해서 불편하지만, 붓기를 완화시키는 데는 탁월한 효과가 있다. 화장실 앞쪽의 여유 공간에서 가벼운 스트레칭을 하거나 앉은 자리에서 가볍게 종아리 스트레칭을 반복적으로 해주는 방법도 있다. 마사지 볼이나 요가 링을 이용해 붓기를 풀어주는 것도 추천한다.

장시간 공항 대기 시 꼭 알아야 할 팁

예상보다 일찍 공항에 도착했거나 환승 시간이 많이 남는다면 길고 지루한 시간을 꼼짝없이 공항에 갇혀 보내야 한다. 이런 시간을 가장 안락하게 보낼 수 있는 방법은 공항 내 라운지를 이용하는 방법이다. 하지만 라운지는 비즈니스나 퍼스트 클래스 승객 또는 *PP카드 소지자에 한해서 이용 가능하다. 그 외에도 통신사 멤버십을 이용하거나 이용권을 따로 구매하는 방법이 있다. 라운지는 공통적으로 안락하고 편한 공간에서 비행기 탑승 시간까지 편하게 쉴 수 있다. 또한 음식과 음료가 제공되는 곳이 대부분이며 비지니스를 위한 PC, 프린트와 샤워실까지 갖추어 놓은 라운지도 있다.

*PP카드: Priority Pass 카드, 전 세계 공항 라운지를 이용할 수 있는 카드

하지만 라운지를 이용할 수 있는 조건이 안 된다고 실망하지 말자. 공항에서 많은 시간을 보내야 하거나 밤을 새워야 하는 경우를 일명 '공항 노숙'이라 하는데, 이런 상황에 처했다면 편하게 누워 있을 만한 공간을 찾는 것이 급선무다. 다행히 환승 노선이 있는 대부분의 국제공항에는 환승객들을 위한 쉼터가 마련되어 있다. 그 쉼터들은 대개 눈에 띄지 않는 곳에 숨어 있는 경우가 많은데, 시간이 늦어 안내 데스크를 운영하지 않는다면 가장 구석진 곳을 찾아보거나 2층, 3층까지 올라가 보자. 분명 사람들이 잘 찾지 못하는 조용하고 구석진 곳에 누울 수 있는 긴 의자가 있을 것이다.

공항에 마련된 샤워실을 이용하는 방법도 있다. 무료인 곳도 있지만 대부분 유료로 운영된다. 소정의 비용을 지불하고 깨끗이 씻고 나오면 쌓

여 있던 피로가 한결 사라질 것이다.
만약 누울 곳도 없고 샤워실도 없는 작은 공항이라면 아쉬운 대로 외부 환경으로부터 방해받지 않고 편하게 쉴 수 있는 곳을 찾아야 한다. 24시간 운영하는 카페, 식당, 마사지 숍이 좋은 예이다. 그렇지만 환승 시간이 열 시간이 넘어간다면, 공항 근처 저렴한 숙박 시설에서 잠시 피로와 여독을 풀고 오는 것이 좋다. 금액을 아끼기 위해 '공항 노숙'을 고집하다 컨디션 난조로 끔찍한 비행이 될 수도 있기 때문이다. 인천공항을 포함한 몇몇 공항은 공항 내부에 호텔을 같이 운영하고 있기 때문에 편리하게 공항 호텔을 이용할 수 있다.

미리 자신이 환승할 공항에 어떤 편의시설이 있는지 알아보고 간다면 시행착오를 줄일 수 있다. 인터넷으로 공항 홈페이지에 들어가 편의시설의 종류와 운영 시간을 확인해 보자. 여행 커뮤니티 사이트를 통해 여행자들끼리 환승이나 공항 정보를 공유하는 방법도 있다. 베테랑 여행가들이 공항에 대한 후기를 올려놓은 글들이 많으므로 검색만으로도 충분히 좋은 정보를 얻을 수 있다.

비행은 얼핏 생각하기에 가만히 앉아서 이동만 하면 된다고 생각하기 쉽다. 하지만 비행기를 오래 타는 것은 체력 소모가 상당하므로 컨디션 조절을 잘하지 않으면 비행에 대해 심각한 트라우마까지 남을 수 있다. 자신의 체력을 과신하지 말고 최종 목적지에 안전하게 도착할 때까지 컨디션 조절을 잘해야 한다.

비행기를 흔드는 난기류 대처법

"손님 여러분, 좌석벨트를 매주시기 바랍니다. Ladies and gentlemen, please fasten your seatbelt."

비행기를 타본 사람이라면 이런 방송이 나오는 것을 들어본 적이 있을 것이다. 이는 난기류 방송으로 터뷸런스 방송이라고도 하는데, 워낙 자주 나와서 대수롭지 않게 여기는 사람들이 대부분이다. 몇 번의 반복된 경험을 통해 위험한 난기류가 흔하지 않다는 것을 알기 때문이다. 그래서 언젠가부터 터뷸런스 방송은 양치기 소년의 외침이 되어버렸다. 하지만 최악의 상황에 대비해 난기류가 예상되는 곳이면 기장이 벨트 사인을 'on'으로 해놓는다. 난기류가 조금이라도 예상되는 모든 구간에 보수적으로 터뷸런스 방송을 하다 보니 승객들은 '이번에도 안 흔들리는데, 왜 자꾸 흔들린다는 거야?'라는 반응을 보이기 일쑤다.

기내에서 벨트 착용을 권유하는 이유는 데이터에 없는 난기류가 발생할 가능성이 있기 때문이다. 이런 난기류를 *CAT이라 부르는데, 예측할 수 없지만 아주 강한 난기류이기 때문에 무척 위험하다. 만약 좌석벨트를 착용하지 않고 있다면 그대로 공중으로 떠올라 선반에 부딪히거나 앞으로 튕겨나가는 것과 같은 충격을 받을 수도 있다. 실제로 이런 사례들이 운항 중에 발생한다. 다행인 점은 난기류로 인해 비행기가 파손되거나 추락할 가능성은 극히 희박하다는 사실이다. 좌석벨트 표시등이 켜졌을 때는 화장실 사용도 자제해야 하는데, 화장실에서 갑자기 심한 난기류를 만날 경우 심각하게 다칠 수도 있기 때문이다.

*CAT:
Clear Air Turbulence
청천난기류

비행 트라우마가 있는 사람들은 난기류에 예민하게 반응하기도 한다. 증상이 심한 사람들은 조금만 비행기가 흔들려도 극심한 불안감과 공포심에 식은땀을 흘리거나 눈물을 흘린다. 이런 공포증이 있다면 약을 처방받아 탑승하는 것이 바람직하다. 두꺼운 담요와 따뜻한 차가 몸을 진정시키는 효과가 있으므로 승무원에게 요청해도 된다. 안 좋은 생각은 꼬리에 꼬리를 물고 불안감을 더 증폭시키므로 대화의 주제를 돌리거나 흥미를 끌 만한 영상을 보는 것도 추천한다. 난기류가 심하게 나타나는 비행 노선은 주로 일본과 동남아 지역이다. 심한 난기류 공포증이 있다면 이 지역을 피해서 여행하는 것이 좋다.

승무원들만 알고 있는 시차 적응 필살기

승무원들은 365일 시차 없이 산다고 할 수 있다. 낮과 밤에 상관없이 일하기 전에 자야 하고, 먹을 수 있는 시간에 배가 고파야 한다. 해외에 체류하는 동안 자신에게 맞는 방법으로 시간을 보낸다.

첫째는 현지 시차에 적응하는 승무원들이다. 이 승무원들은 아무리 길고 힘든 비행이라도 현지 시각이 아침이면 바로 외출하거나, 잠깐의 휴식 시간을 가진 뒤에 일정을 시작한다. 대부분 비행을 시작한 지 얼마 되지 않은 열정이 가득한 신입 승무원들이 이 부류에 속한다. 평소 가고 싶었던 나라에 가면 피곤함을 참고 나가는 것이다. 그러나 대부분 자신의 체력을 과대평가하는 경우가 많아서 이처럼 무리하게 나가면 꿈속에서 걷는 것처럼 돌아다니다 오게 된다.

나도 처음 뉴욕 비행에서 피곤한 줄 모르고 호기롭게 맨해튼에 나갔다가 호텔로 돌아와서는 15시간을 내리 자고 정작 다음 날에는 아무 곳도 나가지 못했던 적이 있다. 그 후에는 절대 체력을 과신하지 않고 충분히 휴식을 취한 다음 외출한다.

둘째는 어느 나라에서든 한국 시차로 생활하는 승무원들이다. 대부분 연륜 있는 승무원들이 여기에 해당한다. 선임 승무원들은 더는 궁금한 곳도, 가고 싶은 곳도 없기 때문에 건강을 위해 해외에서도 한국과 똑같이 생활한다. 한국 시간이 밤이면 잠자리에 들고, 낮이면 현지 시간이 밤이라도 호텔에서 운동하거나 방에서 책을 읽으면서 자유시간을 보낸다.

마지막으로 대부분의 승무원들이 속하는 유형으로, 시차 없이 사는 부류다. 비행이 끝나면 녹초가 되어 호텔에 도착하자마자 의지와 상관없이 쓰러지듯 잠을 잔다. 시차가 맞지 않기 때문에 여섯 시간 정도 자면 눈이 저절로 떠진다. 신기하게도 항상 그 시간에 꼬르륵 소리가 배에서 들리며 허기가 느껴진다. 그제야 옷을 챙겨 입고 밖으로 나가 식사를 하거나 식료품점에서 먹을 것을 사온다.

하지만 비행 전에는 모든 승무원들이 잠을 자려고 노력한다. 장거리 비행의 경우 업무 강도가 높아서 잠을 깊이 자야 버틸 수 있기 때문이다. 그러나 가끔은 시차 때문에 뜬눈으로 침대에서 뒤척이기만 하다 비행 준비를 할 때도 있다. 그런 날은 24시간 이상 깨어 있는 셈이므로 비행이 힘들 수밖에 없다. 이 때문에 픽업 시간에 맞춰 승무원들이 모이면 첫 안부 인사가 "편히 쉬셨습니까?"이다. 비행 전 얼마나 '잘' 잤는지에 대한 얘기는 승무원들의 최대 토픽 거리다.

사실 시차 적응을 위해 억지로 자야 하는 것과 졸음을 참아야 하는 것은 아직도 어려운 일이다. 아무도 명확한 해결 방법을 알고 있지 않다. 따뜻한 물을 마시고, 운동하고, 반신욕을 하는 방법도 있지만, 그보다는 개인적으로 경험한 좀 더 확실한 방법을 몇 가지 소개하려고 한다.

어쩌다 한 번 급하게 시차 적응이 필요해 잠을 자야 할 때는 수면유도제를 먹는 방법이 있다. 수면유도제는 약이 아니어서 효과를 보지 못하기도 한다. 그럴 때는 잠은 못 자고 머리가 멍해지는 부작용이 생길 수 있으므로 신중하게 복용해야 한다. 하지만 보통 식후에 수면유도제를 먹으면 금방 잠이 든다.

잠을 이겨내야 할 때는 커피보다 에너지 드링크가 효과가 좋다. 다만 많이 마시면 가슴이 두근거리거나 손발이 떨리는 증상이 있으므로 주의한다. 한 캔 마시면 부작용 없이 4~5시간 일정을 소화할 수 있다. 만약 잠이 쏟아져서 견딜 수 없는 상황이라면, 차라리 한두 시간 자는 것이 낫다. 알람을 맞추고 조금만 자고 일어나면 훨씬 개운하다. 물론 알람 소리에 일어나는 것이 힘들겠지만 반드시 일어나야 한다. 다시 잔다면 눈을 떴을 때는 이미 새벽일 것이다.

마지막으로 휴대폰이나 시계를 비행기에서부터 현지 시간으로 맞춰 놓는 방법이다. 그러면 무의식적으로 시간을 확인할 때마다 '현지 시간은 지금 점심 먹을 시간이네.', '이제 일어나야 할 시간이네.'와 같은 생각을 하게 된다. 이 방법은 뇌에 계속해서 시차 감각을 주입하는 방법인데, 의외로 효과가 좋다. 무의식중에 뇌는 현지 시간의 패턴대로 생활할 준비를 하기 때문이다.

간단하게 여행 일정 짜는 법

변동 가능성이 있는 스케줄 근무를 하다 보니 여행 출발일이 임박해서야 여행 일정을 계획하는 경우가 많다. 따라서 여행 출발 날짜가 얼마 남지 않은 사람들에게 유용한 팁을 알려주려고 한다.

여행 날짜가 정해지면 비행기 출발과 도착 시간을 따져본다. 호텔 체크인, 체크아웃 시간과 비행기 출발, 도착 시간이 맞지 않으면 호텔에 짐을 맡기고 돌아다녀야 하기 때문이다. 호텔에 짐을 맡길 때는 호텔 주변이나 시내 관광지 위주로 여행 일정을 짠다.

다음으로 숙소를 정한다. 숙소는 여행의 목적에 따라 달라진다. 휴양지일 경우 숙소에 가장 큰 비용을 투자하여 편안하고 좋은 곳에서 시간을 보낸다. 유럽처럼 관광이 목적이라면 위치를 먼저 생각해야 한다. 다음으로 고려해야 할 점은 현지 정보를 얻기 쉽거나 도움을 받기 쉬워야 한다는 점이다. 대부분의 시간을 밖에서 관광하며 보내기 때문에 비싼 숙소보다는 저렴한 숙소에 묵는 것도 괜찮다. 관광하기 좋은 곳에 있는 호스텔, 한인 민박, 게스트 하우스, 에어비앤비 등을 추천한다. 비즈니스를 목적으로 방문했을 때는 업무를 효율적으로 수행하는 것이 최우선이 되어야 한다. 따라서 상업 지구나 공항 쪽에 위치한 깔끔한 호텔로 이동 시간을 줄이고 휴식을 취해 좋은 컨디션을 유지할 수 있게 한다. 너무 저렴한 호텔을 예약하면 휴식을 충분히 취하지 못해서 업무에 지장을 줄 수 있다. 작지만 안락하고 깨끗한 비즈니스호텔을 추천한다.

숙소는 되도록 한 곳에 오래 머무는 것이 편하지만 현지 도착이 새벽일 경우에는 1박 요금을 오롯이 내기 아깝다. 그럴 때는 공항이나 시내 근처 저렴한 숙소에서 몇 시간만 머물고 나서 다음 날부터 새로운 호텔에 체크인하면 숙박비를 절약할 수 있다. 반대로 한국으로 돌아오는 비행기가 새벽 출발인 경우에도 레이트 체크아웃을 이용하면 오후 6시까지 객실을 이용할 수 있다. 다만 레이트 체크아웃 금액이 비싼 호텔일 경우에는 체크아웃 후 짐을 호텔에 맡기고 호텔 부대시설을 이용하는 방법도 있다. 휴양지의 리조트나 호텔들은 체크아웃을 하고 나서도 수영장, 샤워 시설, 마사지 숍, 레스토랑 등 부대시설을 추가 요금 없이 이용할 수 있게 하고 있다. 더운 나라에서 여행했다면 숙소에서 샤워까지 하고 개운하게 비행기를 탈 수 있으니 추천하는 방법이다.

동남아에서 한국으로 오는 우리나라 항공사는 대부분 현지에서 새벽에 출발하는 비행 편이 많다. 이런 지역에서는 '체크아웃 투어'라는 형태의 패키지 상품을 판매하고 있다. 이는 여행 마지막 날, 호텔 체크아웃 후에 캐리어를 투어 차량에 싣고 가이드와 편하게 투어하는 패키지 여행이다. 비행기 출발 시각에 맞춰 공항 샌딩까지 포함된 투어로, 동남아를 여행할 때마다 체크아웃 투어를 이용했는데 만족도가 높았다. 더운 날씨인 동남아를 편한 차량으로 돌아다닐 수 있어서 힘들지 않았고, 공항까지 가는 교통편을 걱정하지 않아도 되었다.

동남아에서 휴양은 가이드 없이도 충분히 혼자 할 수 있지만, 박물관, 유적지, 사원 등의 관광지는 체크아웃 투어를 통해 가이드의 설명을 듣는 것이 효율적이다. 더구나 대부분의 체크아웃 투어에는 마사지 코스가 포함되어 있어서 피로를 말끔히 해소하고 샤워까지 끝낸 후 비행기에 탈 수 있다.

비행기 출발과 도착 시간에 따라 숙소를 정하고 나면 나머지 시간에 관광 일정을 정하는 것이 수월해진다. 현지에 도착한 날과 떠나는 날을 제외한 나머지 날짜에 일정을 넣으면 되기 때문이다. 예를 들어 휴양지의 고급 호텔을 숙소로 정했다면 호텔 내의 헬스장과 같은 부대시설을 이용하거나 호텔에서 제공하는 요가, 스노클링 등의 무료 프로그램에 참여하는 일정으로 계획을 세운다.

관광을 목적으로 간 여행이라면 그 지역의 관광 명소, 맛집, 미술관이나 박물관의 운영 시간, 위치 등을 미리 알아보고 동선에 맞게 일정을 짠다. 가장 먼저 할 일은 그 지역의 관광지를 검색하고 가고 싶은 곳들을 고르는 것이다. 그런 다음 구글 지도 앱으로 목적지를 검색한 후에 즐겨찾기로 모두 표시해 둔다. 이때 관광지뿐 아니라 가고 싶은 맛집이나 술집, 숙소도 저장해 두면 좋다. 즐겨찾기에 추가한 곳은 ★로 표시되기 때문에 지도에서 한눈에 파악할 수 있다.

지도에 표시된 곳을 따라 효율적인 동선으로 여행 일정을 세우면 편리하다. 숙소를 기준으로 관광지들이 분포된 지역을 나누어 하루는 A지역의 ★을, 다음날은 B지역의 ★을 일정으로 잡는다. 마지막으로 꼭 확인해야 할 점은 방문하려는 곳의 영업시간이나 휴무일이다. 유럽은 일요일에 영업하지 않는 상점이나 식당이 많다. 그럴 때는 다른 지역을 주말에 여행하고, 식당이 포함된 지역을 평일에 간다.

여행은 날씨나 본인의 컨디션에 따라 현지에서 충분히 변경될 수 있으므로 촘촘하게 잡아두지 않는 것이 좋다. 특히 스포츠 경기나 공연 관람과 같은 티켓을 미리 예매할 때는 환불이 불가능한 경우가 많으므로 신중하게 구매한다. 만약 두 곳 이상의 근교 여행지를 다녀올 예정이라면, 일일 투어를 이용하는 것도 효율적이다.

블로그, SNS, 리뷰 등의 정보를 선별해서 받아들일 필요도 있다. 막상 여행을 떠나면 어긋나는 부분이 생기게 마련이다. 계획대로 되지 않는다고 너무 속상해하지 말자. 그런 일들 역시 여행의 일부이며, 우연한 상황에서 어떤 재미를 발견하게 될지는 아무도 모르기 때문이다.

남는 건 사진, 어디서든 실패하지 않는 인생샷 건지기

요즘 출시되는 휴대폰의 카메라 성능은 웬만한 디지털카메라보다 낫다. 휴대폰에 작은 카메라 기능이 생긴 뒤로는 일상과 여행이 많이 달라졌다. 모든 순간을 사진으로 남기고 싶어 해서 맛있는 음식, 화려한 일상, 멋진 여행 사진을 온라인으로 공유한다. SNS에 올리는 '인생샷'을 찍기 위해 여행을 떠나는 사람들도 있다. 일반 사람들도 사진작가만큼 사진을 잘 찍는 요즘, 여행지에서 멋진 사진을 남기기 위한 소소한 팁들을 나눠보려고 한다.

첫째, 배경에 따라 다른 방법으로 찍는다. 바다를 배경으로 찍을 때는 피사체인 사람이 작게 나오더라도 넓고 푸른 바다를 카메라에 담는다. 수평선과 카메라 앵글의 가로를 수평으로 맞추고, 수평선을 앵글의 중앙에 맞추면 안정감 있게 나온다.

수평선과 앵글을 수평으로 맞춘 사진

높은 빌딩이 가득한 도심에서 찍을 때는, 인물을 중앙에 두고 카메라 앵글을 아래서 위로 올려서 찍는 것이 좋다. 그러면 빌딩이 높게 솟아 있는 도시의 모습이 한층 강조되어 보인다. 이때 인물은 자연스럽게 위를 보거나 손으로 대각선 위를 가리키는 포즈를 취해 보자. 높은 빌딩 위쪽으로 시선을 머물게 하는 효과가 있다. 멋진 조각상이나 미술 작품을 배경으로 찍을 때는 인물을 한쪽으로 치우치게 하고 조각상이나 미술 작품으로 앵글의 중심을 잡는다. 인물이 뒷모습이나 옆모습으로 작품을 감상하는 듯한 자연스러운 모습을 연출할 수 있다.

배경만큼 중요한 것은 인물의 스타일링이다. 그중 가장 큰 영향을 미치는 것이 옷의 색상인데, 밝고 진한 원색에 가까운 옷일수록 사진이 잘 나온다. 깔끔한 흰색 계열은 반사판 역할을 해서 얼굴을 환하게 해주는 효과가 있다. 여행지에서만큼은 튀는 색의 옷을 챙겨서 가보자. 튀는 액세서리로 포인트를 주는 것도 좋다. 액세서리만 바꿔도 여러 벌의 옷을 입은 것 같은 효과가 있다. 남자라면 모자, 선글라스, 벨트, 시계 등으로 포인트를 주고, 여자는 가방, 스카프, 귀걸이, 목걸이, 팔찌 등 다양한 액세서리를 활용해 보자.

뉴욕 도심에서는 멋진 선글라스와 클러치백으로 뉴요커 분위기를 연출하고, 몰디브 해변에서는 라탄백과 크고 화려한 귀걸이를 매치해 보자. 역동적인 동남아에서는 캡모자와 스니커즈, 타투 스티커로 자유로운 느낌을 내고, 중동이나 아프리카에서는 현지 스타일의 옷과 액세서리를 착용한다면 그야말로 이국적인 사진이 나온다.

스마트폰 카메라 화면에 띄운 격자무늬

요즘 스마트폰의 카메라는 일반 카메라의 기능을 대부분 갖고 있다. 그러나 복잡하고 어려운 카메라의 기능을 전부 이해하기란 불가능하므로, 초보자들도 할 수 있는 기본적인 기능 몇 가지를 소개하려고 한다.

사진은 구도만 잘 잡아도 잘 찍은 사진이라는 느낌이 든다. 그래서 초보자들이 가장 쉽게 사진의 구도를 잡는 방법은 스마트폰 카메라 화면에 격자무늬를 띄우는 것이다. 가로 3등분, 세로 3등분의 총 9칸으로 나누어진 격자무늬를 화면에 띄워 수평과 중심을 잡을 수 있다. 스마트폰의 카메라 설정에 들어가면 격자무늬가 나오게 설정을 바꿀 수 있다. 화면에 격자무늬가 나왔다면 피사체를 줄이나 중심에 맞춰 보자. 예를 들어 다리나 수평선과 같은 풍경은 가로줄에 피사체를 맞춰 찍는다. 인물이나 미술 작품은 가운데 네모 안에 오게 맞추고, 두 명의 인물을 카메라에 담고 싶다면 세로줄에 인물을 한 명씩 맞춰놓고 찍는다. 같은 사진이라도 격자무늬 없이 찍은 사진과 격자무늬에 피사체를 맞춰놓고 찍은 사진은 많이 다르다.

역광일 때는 화면을 터치하여 초점을 맞춘다. 그러면 역광 때문에 까맣게 나오던 피사체로 초점이 맞춰지며 환하게 변한다. 밝기를 더 올리고 싶을 땐 터치한 다음 위쪽으로 손가락을 움직이면 밝기가 올라간다. 다만 이 방법은 피사체로 초점이 맞춰지는 대신 배경이 하얗게 날아갈 수 있으므로 손가락으로 밝기를 조절해야 한다. 때로는 역광일 때 앞모습을 포기하고 자연스러운 옆모습이나 뒤돌아 찍는 것도 좋다. 특히 노을이 질 때의 역광은 빛이 피사체의 테두리를 따라 황금빛으로 빛나는 효과가 있다.

인물과 야경을 같이 담고 싶다면 주위에 가로등이 있는지 찾아본다. 가로등 불빛을 이용하면 인물의 얼굴도 나오고 뒤쪽으로는 어두운 야경까지 한 번에 담을 수 있다. 가로등이 없다면 주변 사람들의 도움을 받아 휴대폰을 두세 개 모아 플래시

플래시를 조명처럼 활용해서 찍은 사진

를 작동시킨 후 빛을 인물 쪽으로 보내면 어두운 곳에서도 나름 멋진 결과물을 건질 수 있다.

다양한 카메라 앱과 필터를 사용해도 사진의 분위기가 달라지고, 사진을 찍은 다음 간단한 보정만으로도 나만의 사진으로 재창조할 수 있다. 요즘은 어떤 사진이 '잘' 찍은 사진이라고 말하기 애매할 정도로 자신만의 개성과 감성을 사진에 녹여내는 시대다. 눈에 보이는 것을 그저 똑같이 담는 것이 아니라, 카메라를 빌려 자신의 기분과 감정을 사진에 담아내보자. 그런 사진은 세월이 지나도 그때의 감정을 생생하게 되살리는 효과가 있다.

중요한 건 사진 기술보다 '포즈'다

배경, 스타일링, 장비 이 모든 게 갖추어져 있어도 사진을 찍을 때 가장 큰 문제는 '어색함'이다. 요즘 SNS 사진의 트렌드는 자연스러워 보이는, 연출되지 않은 사진이다. 그렇지만 연출되지 않은 것처럼 보이는 사진도 사실 얼굴 각도, 눈동자 방향, 머리카락 한 올까지 자연스러운 모습으로 연출한 것이다.

자연스러운 포즈로 찍을 때 어색하지 않다

어색함을 감추기 좋은 몇 가지 팁을 소개하면, 첫째는 카메라를 쳐다보지 않는 것이다. 카메라에서 살짝 벗어난 오른쪽으로 시선을 두고 찍어보자. 둘째는 손 처리가 어색하다면 턱을 괴는 것도 좋은 방법이다. 턱선을 손으로 보완하면서 귀여운 분위기가 연출되며, 다른 행동을 하다 우연히 사진이 찍힌 것 같은 자연스러운 느낌을 주기도 한다. 셋째는 다양한 소품을 활용하는 방법이다. 예를 들어 카페에서는 커피 잔을 옆에 두고 찍거나, 야외에서는 반려견과 함께 찍는 식이다. 외국의 시장에서는 예쁜 꽃다발을 들고 찍을 수도 있다. 포즈가 살짝 어색할지라도 이런 소품들을 이용하면 시선을 분산시켜 어색함을 감춰준다.

최근에는 자연스러운 포즈를 잡아주는 앱도 출시되었다. 카페, 일상, 커플, 여행 등 다양한 컨셉이 있고, 옵션을 선택하면 휴대폰 화면에 포즈가 나오고 그려진 선을 따라 그대로 포즈를 따라 하기만 하면 된다. 요즘은 연예인들의 자연스러운 일상을 엿볼 기회가 많은데, 워너비 라이프를 담은 그들의 사진을 보고 참고하는 것도 좋은 방법이다.

사진을 찍을 때 얼굴과 키, 몸매 등 자신만의 콤플렉스는 사진의 각도나 포즈로 충분히 감추고 보정할 수 있다. 팔짱을 낄 때는 몸에서 팔을 살짝 떨어뜨려야 날씬해 보이는데, 몸에 눌려 팔이 두꺼워 보일 수 있기 때문이다. 또 전신을 찍을 때는 카메라 앵글을 밑에서 위로 찍어야 다리가 길고 키가 크게 나온다. 이때 발끝을 카메라 앵글 하단에 맞추고 머리 위로 공간이 많이 남게 찍으면 비율이 더 좋게 보인다. 뒤꿈치를 살짝 들거나 다리를 교차하면 예쁜 다리 라인을 만들 수 있고, 전신이 아니라면 허벅지 중간에서 자르는 사진이 가장 날씬해 보인다. 마지막으로 허리에 손을 대면 잘록해 보이는 효과를 낼 수 있으며, 어깨를 활짝 펴서 바른 자세로 서는 것이 좋다.

추억이 가득 담긴 여행 사진을 많이 찍는 것도 중요하지만, 무리하게 사진을 찍다가 사고가 나지 않도록 주의하는 것이 더 중요하다. 위험한 곳에서 셀카나 인생 사진을 건지려다 사고로 이어질 수 있으니 조심해야 한다.

Gate 2

승무원 Q&A

승무원은 기내에서 무슨 일을 하나요?

일반인이 보기에 승무원은 기내에서 식사를 나눠주고, 이륙이나 착륙 시 안전 점검을 한다고 생각하는 경우가 많다. 나 역시 입사 전에는 그렇게 생각했다. 하지만 결론부터 말하면, 식사 서비스는 업무의 일부일 뿐, 승무원들은 보이지 않는 곳에서 많은 일을 한다. 장거리 비행에서도 정해진 휴식 시간 외에는 자리에 앉아 쉴 수 있는 시간이 거의 없다. 기종별, 노선별, 클래스별로 본인이 해야 하는 업무가 달라서 모든 승무원이 공통된 업무를 수행하지는 않지만, 이륙 전부터 착륙 때까지 보편적으로 수행하는 업무가 있다.

모든 비행 시간을 통틀어서 가장 바쁜 시간은 이륙 전 지상 업무를 볼 때다. 정시 운항을 목표로 탑승 시간 전까지 기내 점검을 마쳐야 하기 때문이다. 좁은 기내에 승무원뿐 아니라 청소 직원, 정비사, 기내식 탑재 직원 등 여러 사람이 자신의 업무를 수행해야 해서 매우 혼잡하다.

이때 승무원은 지상에서 가장 중요한 안전 장비를 점검한다. 기종에 따라 안전 장비와 비상 장비 위치가 다르게 실려야 하므로 이륙 전에 이 장비들이 올바른 자리에 제대로 실렸는지 꼭 확인해야 한다. 매뉴얼에 따라 정확하게 확인해야만 비상 상황 시 장비들을 사용할 수 있다.

또한 전 편에서 미처 발견하지 못한 물건이나 의심 가는 물건이 있는지 철저하게 보안 점검을 한다. 이는 안전과 직접적으로 연관된 문제이기 때문에 가장 중요하게 생각하는 부분이다. 그 외의 업무로는 비행기 설비 작동 여부 체크, 기내식 탑재 확인, 기내 서비스 용품 탑재 확인, 지상 서비스 준비 등이 있다.

이렇게 혼잡한 상황에서 정해진 시간 안에 정확하게 지상 업무를 수행해야 하는 이유는 기내라는 공간의 특수성 때문이다. 비행기는 탑승이 끝나고 문이 닫히는 순간, 다시 지상과 소통하기 어렵다. 안전, 보안상의 이유로 이륙하지 않았다고 하더라도 항공기 문을 다시 열면 정해진 안전 절차와 보안 검사를 해야 한다. 또한 이륙하고 나서 벌어지는 모든 일은 비상 착륙 또는 목적지에 착륙하기 전까지 기내에서 해결할 수밖에 없다. 예상치 못한 모든 상황에 대응할 수 있어야 하는 것이다. 따라서 기내에는 다양한 상황에 대비하여 각종 안전, 보안 장비들이 탑재되어 있는 것이고, 만약 이 장비들에 문제가 있다면 이륙 전에 빨리 발견해서 교체해야 하므로 지상 업무를 철저하게 수행해야 한다.

지원을 받아 위험 요소를 제거하고, 누락된 식사와 용품들을 추가 주문할 수 있는 시간은 지상에서뿐이다. 간혹, 종교적인 이유로 특별식을 신청한 승객의 식사가 누락되면 해당 승객은 장거리 내내 굶어야 하는 상황이 생길 수도 있다. 이런 상황 외에도 기체 결함, 환자 발생, 보안 위협 등 다양한 상황에 대해 문제점들을 미리 발견해서 해결해야 한다.

대부분의 항공사가 정시 운항을 목표로 하지만, 그보다 더 우선시되는 것은 항공기의 안전, 보안이다. 따라서 안전, 보안과 관련된 결함이 지상 대기 중에 발견된다면 정시 운항을 미루더라도 철저하게 해결한 후 이륙해야 한다. 그렇게 지상 업무가 끝나면 승객들의 탑승이 시작된다. 승무원들은 승객들의 좌석 안내, 짐 보관 등을 도우며 헤드폰, 슬리퍼와 같은 용품을 서비스한다. 승객들의 탑승이 끝나면 이륙 준비를 위해 안전 점검을 한다.

비행기가 만 피트를 지나면 난기류 여부에 따라 좌석벨트 표시등이 꺼지고 승무원들이 움직일 수 있게 된다. 첫 번째 식사 서비스를 위해 각 클래스별로 정해진 절차에 맞게 서비스를 시작한다. *갤리에서는 각자의 업무를 하느라 바쁘게 일하고, 승객에게 서비스할 때는 최상의 모습으로 제공한다. 운항 중인 비행기에서는 추가로 식사를 전달받을 수 없기 때문에 실수로 음식을 태우거나 바닥에 쏟지 않도록 조심해야 한다. 클래스별로 순서에 차이가 있지만 타월, 음료, 식사, 후식, 회수 등의 순서로 진행된다.

***갤리:** 기내에서 승무원들의 작업 공간

기내에서 바쁘게 움직여야 하는 공간, 갤리

첫 번째 기내식 서비스가 끝나면 서류 작성을 하고 면세품을 판매하는 시간이다. 그 후에는 승객들이 편하게 휴식할 수 있도록 기내 조명을 어둡게 낮춘다. 장거리일 경우 승무원들도 교대로 식사를 하고 휴식을 취한다. 휴식 시간이 아닌 승무원들은 승객들의 요구 사항을 해결하고, 틈틈이 화장실 청소 및 비품을 채워 넣느라 몹시 분주하다. 또한 중간에 나가는 간식 서비스와 음료 서비스, 두 번째 식사 서비스를 준비하고 면세품 정리와 돌아가는 비행 편 승무원들을 위해 기내 탑재품들을 다시 정리한다.

두 번째 식사 서비스 또한 클래스별로 진행된다. 첫 번째 식사와 비슷한 순서로 서비스가 진행되며, 착륙 전 마지막 서비스인 만큼 누락된 서비스가 없는지 체크하며 마무리한다.

두 번째 식사 서비스까지 무사히 끝나면 서비스 용품 회수와 서류 리필, 면세품 판매 등을 마지막으로 진행한다. 착륙 20분 전 기장의 신호에 따라 착륙을 위해 안전 업무를 수행한다. 승무원들은 비행 중에 있었던 특이 사항을 공유한다.

비행기가 착륙한 다음에도 가장 중요한 업무가 남아 있다. 승객들이 모두 내리고 나면 두고 간 물건이 없는지 선반 안쪽까지 꼼꼼히 확인해야 한다. 마지막 보안 검사까지 마친 뒤에 탑재 용품들을 정리한 후 짐을 챙겨서 내린다. 모든 승무원들이 모여 비행의 전반적인 정보를 공유하고 브리핑을 한다. 특이 사항이 없다면 입국 심사대를 통과해서 퇴근하고, 외국이라면 크루 버스를 타고 호텔로 간다.

승무원의 자기 관리가 궁금해요

승무원은 여성 종사자가 많은 직업이다. 그런데 기내에 탑재되는 물건들은 성인 남자도 들기 버거울 정도로 무거운 게 많다. 기내식이 가득 탑재된 카트, 면세품으로 판매되는 술이 들어 있는 상자 등이 그렇다. 흔들리는 기내에서 무거운 카트와 상자를 올리거나 꺼내는 일을 반복해야 하므로 튼튼한 체력은 필수 조건이다. 그러다 보니 체력적으로 한계를 느껴 승무원을 그만두는 경우도 많다.

필라테스 동작

승무원들에게 가장 흔하게 나타나는 부상 부위는 허리, 팔목, 발목 등 관절 부분이다. 근력이 부족하거나 잘못된 자세로 무거운 무게를 지탱할 경우 순간적으로 다치기 때문이다. 그래서 부상을 방지하기 위해 근력을 키워주는 헬스나 필라테스를 많이 한다. 특히 필라테스는 근육을 이완시키는 효과도 있어서 무거운 물건을 들을 때 긴장됐던 근육을 풀어준다. 나 역시 꾸준한 필라테스로 허리와 목 통증을 줄일 수 있었다. 근육이 수축된 상태에서 급작스럽게 무거운 물건을 들거나 힘을 과도하게 쓰면 다치는 일이 종종 발생한다. 이를 방지하기 위해 브리핑 시간에 간단한 스트레칭으로 몸을 풀어준다.

가능하면 해외 호텔 헬스장에서 운동을 한다

스케줄 근무라는 특성상 한국에서 꾸준하게 운동할 수 없기 때문에 해외 헬스장에서 운동하는 승무원들도 많다. 특히 시차 적응에 실패하고 새벽에 잠이 오지 않을 때는 24시간 운영하는 호텔 내 헬스장에서 시간을 보낸다. 헬스장을 사용할 수 없을 때는 방 안에서라도 간단한 스트레칭을 하거나 호텔 근처를 산책한다.

승무원들은 식사량이나 식단을 조절하는 데도 애로 사항이 많다. 외국에는 우리나라처럼 24시간 운영하는 편의점이나 배달 음식점이 없기 때문에 식사를 할 수 있을 때 많이 먹는 편이다. 지금 아니면 언제 또 밥을 먹을 수 있을지 모른다는 것도 폭식하는 이유 중 하나다. 식사 시간도 정할 수 없어서 다이어트하기 굉장히 어려운 직업이다. 그래서 대부분의 승무원들은 음식을 많이 먹는다. 승무원들이 자주 찾는 외국 한식당들의 사장님들도 승무원들의 식성이 어마어마하다고 입을 모아 말할 정도다. 그렇게 섭취되는 열량은 비행할 때 모두 소모된다.

뉴욕 비행은 '뉴욕까지 걸어간다.'라는 말이 있을 정도로 유산소 운동은 확실하게 할 수 있다. 휴대폰과 연동되는 시계가 막 나오기 시작했을 때 한 선배가 만보기 기능을 켜둔 채 뉴욕에 도착한 적이 있다. 착륙 후, 공항으로 이동하면서 선배 만보기를 확인해 보니 무려 4만 보가 떠 있었다. 이처럼 비행 시간 동안은 쉴 틈 없이 걷고 움직여야 하므로 많이 먹어도 칼로리가 소모될 수밖에 없다.

건조한 환경에서도 좋은 피부를 유지하는 비결

승무원들도 관심이 많고, 다른 사람들도 승무원에게 관심이 많은 것이 '피부 관리'다. 그 이유는 작업 공간인 기내가 피부에 안 좋은 환경이기 때문이다. 기내는 사막처럼 건조하여 피부에는 치명적이어서, '어느 유명 연예인은 장거리 비행 때 수분 크림 한 통을 다 쓴다.'라는 말이 있을 정도다. 그런데도 열 시간이 넘는 장거리 비행에서 승무원들은 방금 화장한 듯한 모습을 유지하고 있다.

승무원들이 많이 사용하는 제품은 다크닝에 강하고, 화장이 오래 지속되며, 건조하지 않은 제품이다. 하지만 실제로 승무원들은 자기 피부에 맞는 화장품을 사용한다.

나는 피부가 예민한 편이라서 처음 비행을 시작했을 때는 온몸의 피부가 건조해져서 빨갛게 부어올랐다. 눈이 빨갛게 충혈되고, 코피가 나고, 목감기에 걸리기도 했다. 그러다 인공눈물, 마스크, 로션 등을 꼼꼼하게 챙기고 나서부터는 그런 증상이 점점 없어졌다. 어떤 승무원들은 장거리 비행 중 휴식 시간에 화장을 지우기도 한다. 잠시라도 피부가 숨을 쉴 수 있게 해주려는 것이다. 휴식 시간이 끝나면 팩트로 다시 가볍게 화장을 한다. 그러나 대부분의 승무원들은 얼굴에 미스트를 수시로 뿌리거나 수건을 물에 적셔서 옆에 둠으로써 피부를 보호한다.

해외에서 머무는 호텔도 매우 건조하다. 그래서 마스크팩을 항상 갖고 다닌다. 호텔 방에서 쉴 때 시원한 마스크팩을 붙여주면 수분과 진정 효과를 동시에 볼 수 있다. 외국 호텔의 건조함에 대비해 휴대용 가습기를 챙겨 다니거나 물에 적신 수건을 침대 옆에 두고 자기도 한다. 언젠가 비행을 하며, 피부가 정말 좋은 40대 승무원을 만난 적이 있다. 나이를 전혀 알 수 없는 피부를 보며 평소에 어떻게 관리하는지 물었더니, 절대 손으로 얼굴을 만지지 않는다고 했다. 매우 간단하지만, 지키기 어려운 방법이 아닐까 싶다.

'부종 관리'도 중요하다. 오래 앉아 있거나 서 있어야 하는 직업을 가진 사람이라면 부종 관리에 관심이 많을 수밖에 없다. 특히 한국 음식은 짜고 매운 국물 음식이 많아서 수분이 나트륨과 몸 안에 쌓이면서 얼굴과 몸이 붓는다. 저녁이면 신발이 작아지거나, 잘 맞던 반지가 들어가지 않거나, 아침에 얼굴이 부어서 눈을 뜨지 못하기도 한다. 그때그때 붓기를 빼주지 않으면 그대로 몸에 붙어 살이 찐 것처럼 느껴진다. 다이어트뿐 아니라 건강 관리를 위해서도 부종 관리는 매일 해주는 것이 좋다.

실제로 많은 승무원들이 하지정맥류에 시달리고 있다. 그래서 압박스타킹을 신거나 자기 전 L자 다리로 휴식을 취한다. L자 다리란 벽에 다리를 올리고 눕는 방법인데, 마스크팩을 하는 15분 동안 L자 다리를 해주면 좋다.

원활한 혈액 순환을 위해 마사지를 받는 방법도 있다. 동남아 스케줄이 나올 때면 호텔에만 있던 승무원들도 마사지 숍에 간다. 하지만 항상 동남아에 갈 수 있는 것은 아니므로 셀프 마사지를 추천한다. 준비물은 골프공 하나면 된다. 장거리 비행이 끝나고 오면 다리가 무겁고 발바닥이 아플 때가 있는데, 그럴 때는 골프공을 발바닥 아래에 두고 체중을 실어주면서 천천히 굴리면 지압 효과를 볼 수 있다. 간단한 지압만으로도 발의 피로도가 줄어들고 혈액 순환이 원활해진다.

승무원은 해외에 나가면 어떻게 시간을 보내나요?

대부분의 승무원들은 해외 체류지에 따라 하는 각각의 루트가 있다. 나 역시 어느 순간부터 같은 루트로 시간을 보내고 있었다. 지역에 따라 크게 동남아, 미주, 유럽 세 노선으로 나눠보았다.

쇼핑과 음식과 마사지가 가능한 곳, 동남아

대부분의 승무원들은 여섯 시간 이내에 도착하고 하루의 휴일과 해외에서 머무는 시간이 보장되는 동남아 노선을 선호한다. 또한 동남아 노선의 취항지들은 대부분 유명한 관광지가 많고 물가도 저렴하다. 해야 할 것, 사야 할 것, 먹을 것들이 많지만 체류 기간이 짧다는 것이 단점이다.

동남아 스케줄은 밤늦게 현지에 도착해서 다음 날 저녁에 출발하는 것이 일반적이다. 비행 전 휴식 시간을 제외하면, 도착한 다음 날 이른 아침부터 오후까지 반나절 정도의 자유 시간이 있다. 그 때문에 1분 1초가 아쉬운 동남아 체류 기간에는 모든 승무원이 아침 일찍부터 바쁘게 움직인다.

동남아 노선의 대표 취항지인 방콕을 예로 들어보자. 밤늦게 도착해 잠자리에 들었다가 아침 일찍 일어나 지하철을 타고 대형 쇼핑몰로 간다. 쇼핑몰은 식사, 쇼핑, 마사지 등을 한 번에 해결할 수 있는 곳이다.

마사지 숍이 영업을 시작하는 시간에 입장해서 여유가 있으면 전신 마사지를 받고, 시간이 부족하면 발 마사지로 아쉬움을 달랜다. 그런 다음 쇼핑몰 내에 있는 식당이나 푸드 코트에서 식사를 해결한다. 주로 *수끼 또는 태국 음식을 먹는다.

*수끼:
태국식 샤부샤부 요리

그 다음 일정은 네일 숍이다. 보통 승무원들이 자주 가는 마사지 숍과 네일 숍은 전 세계 승무원들에게 유명한 곳이어서 각국의 승무원 손님들로 가득 차 있는 경우가 많다. 대기자가 많을 때는 예약을 걸어두고 쇼핑몰 지하의 마트로 가서 간단하게 먹을 음식이나 쇼핑을 하고, 다시 네일 숍으로 가서 네일 케어와 페디큐어를 받는다.

모든 일정을 마친 다음 지하철을 타고 다시 호텔로 돌아간다. 이른 아침부터 바쁘게 움직였지만, 비행 전 휴식을 취할 수 있는 시간은 서너 시간 정도일 뿐이다. 잠깐 쉬고 비행 준비를 한다. 한국으로 돌아가는 비행기는 꼬박 밤을 새우고 아침이 되어서야 인천에 도착한다. 동남아 비행을 할 때면 하루가 꼭 이틀같이 느껴지는 이유다.

*** 추천! 동남아 여행 일정**

· 방콕 : 카오산 로드, 터미널21, 시암 파라곤, 왓 포, 방콕 왕궁, 로빈슨, 시암 스퀘어, 짜뚜짝 시장, 파타야 여행

· 싱가폴 : 센토사섬, 마리나베이, 유니버설 스튜디오, 가든스 바이 더 베이, 실로소 비치, 머라이언 파크, 클락 키, 차임스, 라우 파 삿, 래플즈 시티, 뉴튼 호커 센터, 싱가포르 보타닉 가든, 오차드 로드, 덕 투어, 나이트 사파리, 야쿤 카야 토스트 먹어보기

· 호치민 : 중앙우체국, 브이비엔 거리, 사이공 센터, 칠 스카이바, 구찌 터널, 떤딘 성당, 벤탄 시장, 무이네 여행

· 발리 : 우붓 재래시장, 꾸따 비치, 사라스와띠 사원, 스미냑 스트리트, 짐바란 베이(일몰 보며 시푸드 먹기), 울루와뚜 절벽사원

· 푸켓 : 정실론, 빠통비치, 피피섬 투어, 왓찰롱 사원, 빅부다, 프롬텝, 나이한 비치, 끄라비 여행

· 세부 : 아얄라 센터, SM 시티 세부, 카지노, 오슬롭 고래상어 투어, 가와산 캐녀닝, 보홀 여행

· 다낭 : 미케 해변, 용다리, 핑크 성당, 콩카페, 호이안, 바나힐, 골든브리지, 오행산, 한시장

· 타이페이 : 타이페이101, 시먼딩, 스펀, 예류, 지우펀, 중정기념당, 용산사, 고궁박물원, 베이터우

한국보다 더 맛있는 한식당이 있는 곳, 미주

"어휴, 나 이번 달 또 뉴욕이야!"

"난 또 LA……."

승무원 면접을 준비하던 시절, 승무원들은 매달 스케줄표를 받으면 이런 대화를 한다는 부러운 소문을 듣게 됐다. 그 얘기를 듣고 '이 말이 정말 사실일까? 뉴욕에 매달 가게 되면 질릴까? 그런 불평을 할 수 있다면 얼마나 좋을까?'라는 생각을 했다. 배부른 불평처럼 들렸기 때문이다. 그런데 승무원이 된 후, 그런 말은 내 입에서도 나오게 되었다. 그것도 자주 하게 됐는데, 중요한 건 그 말이 정말 '뉴욕이 질려서' 나온 말이 아니라는 것이다.

나는 LA를 한 달에 세 번까지도 간 적이 있다. 매일 많은 사람들이 이민, 유학, 환승, 비즈니스 등 다양한 목적으로 한국과 미국을 오가는 비행기에 오른다. 수요가 많아서 가장 큰 기종으로 운행하고 있고, 거의 만석으로 비행하다 보니 한 비행기에 300명 이상의 승객이 탑승한다. 게다가 장거리 비행이어서 체력적으로도 힘들어 '어휴, 나 이번 달 또 뉴욕이야!'라는 말이 나오게 되는 것이다. 자주 가는 뉴욕이라는 도시가 질려서가 아닌, 뉴욕까지 가는 과정이 힘들다는 얘기다. 힘들긴 해도 막상 도착하면 매번 뉴욕의 매력에 빠지게 된다.

미주 노선은 한 번에 많은 수의 승무원들이 호텔에 묵는다. 보통 호텔에 도착하면 저녁 식사를 할 식당을 예약하기 위해 약속 시각을 정하고 로비에서 헤어진다. 고단한 비행이었기 때문에 씻기가 무섭게 쓰러져서 잠이 든다. 약속 시각에 맞춰 둔 알람 소리를 듣고 반드시 일어나야 하는데, 미국은 우리나라와 달리 밤이 되면 모든 식당이 영업을 종료하기 때문에 그 시간에 먹지 못하면 다음 날까지 쫄쫄 굶어야 한다. 특정 식당에 가기 위해 참고 비행을 한다는 말이 있을 정도로 미국에는 승무원들의 오랜 애정 공세를 받아 온 식당들이 있다.

몇 달 만에 처음 한식을 먹는 사람들처럼 허겁지겁 먹고 나면 호텔로 돌아가기 전에 필수로 들르는 곳이 마트다. 승무원들은 유독 미국 마트를 좋아하는데, 사는 물건들은 대부분 소소한 것들이다. 물건을 사는 유형에 따라 생필품형, 간식형, 과일형으로 나눌 수 있다. 생필품형은 생활에 필요한 세탁 세제나 목욕용품을 구매한다. 조금 저렴하게 살 수 있다는 장점이 있는 데 비해 많이 무거워진 짐을 한국까지 가져가야 한다는 단점이 있다. 주로 기혼 승무원들이 이 유형에 해당된다. 나는 간식형에 속하는데, 그야말로 미국형 극한의 단짠 맛을 가진 과자, 젤리, 사탕, 음료수 등이 주 타깃이다. 매일 새로운 과자에 도전해서 성공했을 때 기분이 좋다. 마지막으로 호텔에 은둔하는 승무원들은 과일형인데, 밖에 나가지 않기 위해 식량을 비축해 둔다. 바나나, 체리, 자두처럼 간단하게 먹을 수 있는 과일을 선호한다. 마트에 들렀다가 호텔로 돌아가는 차에 타면, 서로가 어떤 과자나 과일을 샀는지 구경하는 것이 소소한 행복이다.

다음 날은 온전히 하루의 자유 시간이 주어지는 날이다. 한국에서 육아에 지친 기혼 승무원들은 호텔에서 휴식을 취하는 경우가 많고, 자기계발이나 진급을 위해 공부하는 승무원들도 있다. 그 외는 쇼핑이나 관광을 하는 승무원들이다. 호텔에서 운행하는 무료 셔틀버스를 이용해서 쇼핑몰이나 관광지, 다운타운으로 외출한다.

각자만의 방법으로 체류 시간을 보내고 나면 다음 비행을 위한 충전의 시간을 갖는다. 미주는 한국과 시차가 정반대여서 항상 비행 전에 잠을 청하기가 쉽지 않다. 한숨도 잠을 자지 못한 날은 꼬박 24시간을 뜬눈으로 지낼 수밖에 없다.

*** 추천! 미국 여행 일정**

· 뉴욕 : 첼시 마켓, 뉴욕 현대 미술관, 자유의 여신상, 브로드웨이, 브루클린 브리지, 메트로폴리탄 미술관, 록펠러 센터, 센트럴파크, 하이라인 파크, 엠파이어스테이트 빌딩, 타임스퀘어, 그라운드제로, 월 스트리트, 매디슨 스퀘어 파크, 소호 거리, 뮤지컬 관람, 플러싱 코리아타운, 뉴욕 브런치 즐기기

· 시카고 : 시카고 미술관, 밀레니엄 공원, 윌리스 타워, 건축물 크루즈 투어, 오리지널 시카고 피자 먹어보기, 시카고 리버워크, 마리나시티 빌딩 등 건축물 투어

· 애틀랜타 : 조지아 아쿠아리움, CNN센터, 프리미터 몰, 애틀랜타 코카콜라 박물관, 센테니얼 올림픽공원

· 하와이 : 와이키키 비치, 알라모아나 쇼핑센터, 다이아몬드 헤드, 와이켈레 프리미엄 아울렛, T갤러리아, 호놀룰루 동물원, 선셋 크루즈, 스카이다이빙 체험, 매직 오브 폴리네시아

발이 이끄는 곳이 모두 예술인 곳, 유럽

유럽은 미주보다 상대적으로 편수가 적어서 자주 나오는 스케줄이 아니다. 그래서인지 꽤 오랜만에 유럽 스케줄이 나오면 설레기까지 한다. 거리마다 이국적인 느낌이 가득하고 눈길 닿는 곳에는 과거의 유적지들이 즐비해서 매번 새롭게 느껴진다. 그래서 승무원들은 유럽에 있을 때면 매우 분주하다. 미주보다 짧은 열 시간 남짓한 비행 시간이라는 것도 유럽 비행의 장점이다. 팀장님부터 신입 승무원까지 어디에 다녀올 지 정하느라 몹시 분주한 곳이 유럽이다. 유럽 비행은 승객들도 관광

목적이 많아서 다들 설레는 마음으로 비행기에 탑승한다.

유럽의 호텔들은 대부분 조식이 포함되어 있다. 배고픔에 새벽부터 눈이 떠진 승무원들은 일찍부터 조식을 먹으러 내려온다. 우리나라 시간으로는 저녁이라서 꽤 오랜 시간 앉아서 충분히 먹고 난 뒤에야 자리에서 일어난다.

취향에 따라 삼삼오오 모여 음식점, 미술관, 상점, 관광지 등을 구경하면 금세 하루가 지나간다. 종일 쉬지 않고 돌아다녔음에도 불구하고 원하는 곳을 다 구경하지 못하는 경우가 대부분이다. 호텔에 돌아오면 다음 날 있을 비행을 위해 서둘러 잠자리에 든다.

*** 추천! 기타 취향지 여행 일정**

· 시드니 : 하버 브리지, 갭 파크, 본다이 비치, 서큘러 키, 시드니 시청, 시드니 천문대, 퀸 빅토리아 빌딩, 블루 마운틴, 세인트 메리 대성당, 시드시 피시 마켓, 글리브 마켓, 오페라하우스, 달링 하버, 현대 미술관, 코알라 파크, 시드니 면세점, 포트 스테판, 뉴타운

· 오클랜드 : 퀸 스트리트, 스카이 타워, 호빗 마을, 와이토모 반딧불 동굴, 로토루아, 미란다 온천, 와이헤케섬 와이너리 투어, 마오리 공연 관람

· 사이판 : 마나가하섬, 그로토 동굴, 새섬, 만세절벽, 위령탑, 가라판 야시장, T갤러리아

· 상트페테르부르크 : 페테르고프 궁전, 피의 구원 사원, 에르미타주 박물관, 성 이사악 성당, 바실리 곶, 카잔 성모 성당, 표트르파벨 요새, 예카테리나 궁전, 파블롭스크 궁전, 청동 기마상, 피터앤폴 요새

· 두바이 : 두바이 몰, 두바이 분수, 버즈 칼리파, 주메이라 비치, 두바이 박물관, 에미리트 몰, 사막 투어

음식이 안 맞는 승무원은 외국에서 어떤 걸 먹어요?

새로운 음식을 잘 못 먹는 사람들이 있다. 승무원들 중에서도 음식에 예민한 사람들이 있는데, 그런 승무원의 레이오버 가방에는 항상 라면과 간식이 가득 들어 있다.

나 또한 아직까지 고수를 먹지 못한다. 반면, 두리안에 대한 거부감은 처음부터 갖고 있지 않았다. 사람들이 '악마의 냄새'라고 하는 그 냄새조차 나쁘게 느껴지지 않았다. 나를 비롯한 몇몇 승무원의 사례를 보면, 외국 문화를 많이 접했다고 해서 음식에 대한 거부감까지 없어지는 건 아닌가 보다. 사람마다 개인의 취향이 다른 것처럼 입맛이란 것도 개인차가 존재한다.

부모님과 같이 여행할 때는 음식에 더 신경을 쓸 수밖에 없다. 요즘은 해외에서도 한국 음식을 많이 팔지만, 식당에서는 한국에서 먹는 음식과 비슷한 맛을 내는 곳을 찾기 어렵고 가격도 비싸다. 마트에서 파는 한국 제품들은 외국인들을 소비자로 겨냥한 것이어서 구성과 맛에 차이가 있다.

그러므로 한국에서 최대한 많이 준비해 가는 수밖에 없다. 라면 포트를 가져가면 다용도로 사용할 수 있다. 라면은 물론이고 찌개를 끓일 수도 있고, 이유식을 데우거나 달걀을 삶을 때도 편리하다. 햇반을 데우고 냉동식품을 해동시킬 수도 있다. 그동안 해외에서 한국 음식이라면 컵라면밖에 몰랐던 사람들에게 라면 포트는 다양한 한식의 세계를 열어주었다.

다만, 여행하는 나라의 음식물 반입 규정을 미리 숙지하고 가야 한다.

통조림 같은 밀봉된 완제품은 대부분의 나라에서 반입이 가능하지만 고기나 채소는 반입이 제한될 수 있다. 따라서 반입이 가능한 완제품은 한국에서부터 가져가고, 신선한 제품은 현지 마트를 이용하는 것이 바람직하다.

하지만 짐이 많거나 배낭여행을 하는 사람들이라면 라면 포트를 들고 다닐 여유가 없다. 승무원들 또한 비행마다 무거운 라면 포트를 들고 다닐 수 없기 때문에 현지에서 입맛에 맞는 음식을 찾을 수밖에 없다. 물가가 비싼 유럽은 매 끼니를 사먹을 수 없으므로 마트 신선 코너에서 판매하는 초밥이나 롤 등으로 끼니를 때워야 한다. 초밥이나 롤은 전 세계 마트 신선 코너에서 판매하므로 구하기도 쉽고 우리나라 사람들의 입맛에도 잘 맞는다.

향신료가 강한 나라나 때때로 중동의 *라마단 기간과 겹칠 때면 조금 더 오래 두고 먹을 수 있는 것으로 대체 가능하다. 샐러드와 요거트, 바나나 같은 과일들인데, 밥처럼 든든하게 한 끼를 해결할 수는 없지만 입맛에 맞지 않은 식사를 억지로 하는 것보다는 낫다.

***라마단 기간:**
무슬림들이 종교적인 이유로 새벽부터 해가 질 때까지 먹지도 마시지도 않는 기간

흔히들 다른 나라의 음식을 경험해 보는 것도 여행의 일부라고 말한다. 하지만 거부감이 드는 음식을 처음부터 맛있게 먹을 수 있는 사람은 많지 않다. 맞지 않는 음식을 먹으며 여행을 즐기지 못하기보다 음식 경험은 잠시 미뤄두고 지금 당장은 다른 경험을 더 많이 해보는 것은 어떨까? 그러다 보면 고수 없는 쌀국수는 먹지 못한다거나, 마라탕에 밥까지 말아 먹어야 한 끼 잘 먹었다고 배를 두드릴 날이 올지도 모르니까 말이다.

Gate 3

승무원이 알고 싶다

승무원은 외로운 직업이다

언젠가 친한 동료 승무원들과 해외에서 식사하던 도중 이런 주제로 대화를 나눈 적이 있다.

'호텔 방에서 혼자 울어본 적이 있는가?'

자다가 이불이라도 걷어차며 일어날 것 같은 부끄러운 질문이었지만 한편으로는 나만 느끼는 외로움인지 궁금하기도 했다. 손발이 오그라드는 질문에 대한 대답은 남자 승무원을 포함해 모두가 'YES'였다. 해외 호텔에서 눈물 젖은 베갯잇 한 번 안 베고 자본 승무원은 없을 것이고, 장거리 비행 중 어두운 *벙커에서 남몰래 숨죽여 울어본 적 없는 승무원은 없을 것이라고 장난삼아 웃으며 얘기했던 기억이 있다. 동료의 덤덤한 말투가 웃기면서도 각자가 홀로 버텼던 시간이 애잔하게 전해졌다.

*벙커: 비행기 내부의 승무원들을 위한 휴식 공간

한국에서는 생각도 안 나는 고민들이 해외 호텔에서는 생각의 꼬리를 물고 커지는 이유는 뭘까? 그래서 그런지 해외 호텔만 오면 헤어진 연인에게 연락하는 경우가 많다. 어쩌면 승무원들에게 술 취한 새벽 네 시보다 위험한 것은 잠들지 못하는 해외 호텔일지도 모르겠다. 시차가 맞지 않아서, 잠이 오지 않는 기나긴 밤 동안 그저 할 수 있는 거라곤 눈을 감고 억지로라도 자기 위해 누워 있어야만 하는 것밖에 없어서 그런가 싶다. 혼자만의 시간이 많다는 장점이 있는 직업이지만, 그만큼 외로운 시간도 견뎌내야 하는 것이 승무원이란 직업이다.

해외 호텔 룸에서는 생각이 괜히 많아진다

승무원들마다 우울해지기 쉬운 호텔에서 시간을 보내는 노하우들이 있다. 아무 생각도 하지 않기 위해 드라마나 영상을 몰아 보며 휴대폰으로 시간을 보내는 사람들, 공부를 하거나 책을 읽으며 자기 계발에 시간을 보내는 사람들, 복잡한 생각을 떨쳐버리려 운동에 몰두하는 사람들, 밀렸던 잠을 몰아서 자는 사람들도 있다. 모두 호텔에서 혼자 보내는 시간을 활용해서 각자의 방식대로 스트레스를 풀고 에너지를 충전하는 것이다.

승무원들이 혼자 보내는 시간은 한국에서도 이어진다. 한 달 스케줄이 정해져 나오는 데다 언제든지 바뀔 수 있는 탄력적인 스케줄이어서 약속을 잡는 것 자체가 어렵다. 특히 주말에 있는 경조사는 거의 참석하기 힘들다. 친한 친구들의 결혼식을 놓친 것들도 이 일을 하면서 포기해야 하는 부분 중 하나였다. 부모님 생신이나 가족 행사 같은 소중한 추억들을 놓쳐야 하는 상황이 반복되다 보니 언젠가부터 주위 사람들이 나를 초청할 때 "혹시 가능하면……."이라고 먼저 운을 뗀다. 가끔은 '나중에는 내가 없는 것이 당연해지는 게 아닐까?' 하는 생각이 들기도 한다. 꼭 필요한 순간의 누군가에게 당장 달려가지 못하는 것 역시 승무원으로서 감수해야 하는 부분이다.

이런 고충들을 구태여 말하지 않아도 동료들끼리는 통해서인지, 회사에서 친하게 지내는 동료들과는 쉬는 날에 맞춰 약속을 잡는다. 스케줄이 바뀌어서 갑자기 약속을 취소해도, 다음 날 새벽 출근 때문에 일찍 귀가하겠다고 말해도 충분히 이해해 주기 때문이다. 한마디로 승무원이란 개인 시간이 많으면서도 외로운 직업이며, 독립적이면서도 일할 때만큼은 협동심이 필요한 직업이라 할 수 있다.

승무원이 되면서 달라진 것들

정식 승무원으로 비행을 하기 전, 훈련과 교육에서 습득한 지식들은 완전히 새로운 것들이었다. 짧은 기간에 생소하고 방대한 양의 지식을 습득하느라 고생한 것도 사실이지만, 새롭게 알게 된 지식들은 세상을 다르게 볼 수 있는 눈을 키워주었다.

가장 크게 다가왔던 것은 일상의 모든 곳에 '서비스'가 존재한다는 사실이었다. 서비스를 기대하지 않았던 은행, 지하철, 병원 등 목적이 있어서 가는 곳에도 서비스가 존재한다는 것을 새삼 깨달았다. 그리고 레스토랑, 호텔, 상점 등과 같이 서비스를 기대하고 가는 곳에서는 고객을 상대로 어떻게 서비스하는지 관심 있게 보게 되었다. 서비스를 받는 사람이 되어서 승객의 입장을 상상해 보기도 하고, 그들의 말투, 행동, 표정에 따라 어떤 느낌을 받게 되는지도 생각해 보았다. 또한 훌륭한 서비스를 하는 곳에 가면 배울 점을 찾아보기도 했다.

새롭게 배운 지식들 중에 가장 낯설었던 것은 '안전'이었다. 승객의 안전을 책임져야 하는 승무원이 안전에 대해 알아야 할 것들은 수백 가지가 넘었다. 그러다 보니 무의식 중에 안전에 대한 생각이 깊게 박혀 있어, 기내가 아닌 다른 장소에서도 비상시 대처법을 생각하게 된다. 예를 들어 영화관에서 대피로를 확인하거나, 기차에 타도 나도 모르게 안전벨트를 찾는다든지, 소화기 위치 등을 저절로 찾게 되는 것이다.

이런 증상은 1년에 한 번 받는 안전 훈련을 하고 나면 일시적으로 더욱 심해진다. 지하철에 AED가 어디에 위치하는지 살펴보게 되거나, 건물의 소화기가 어떤 타입인지 보게 되고, 보트의 구명조끼 타입이 궁금해지기도 한다. 입사 전에는 그곳에 있었는지도 몰랐던 비상 장비들이 눈에 보이는 것이 신기하다. 안전 의식은 만약의 상황에서 다른 사람들에게 도움을 줄 수 있는 소중한 지식이기 때문에 좋은 습관이라 생각한다.

승무원이 되고 나니 항공사와 공항에 종사하는 수많은 사람들의 숨은 노고를 알게 됐다. 승무원은 비행기를 이용하는 승객들에게 가장 대표적으로 보여지는 직업 중 하나일 뿐이다. 그렇기에 승객들이 내리면서 건네는 '감사합니다'라는 인사는 사실 모든 직원들에게 건네는 인사말이라 할 수 있다.

흔히들 비행기를 타고 여행을 갈 때면 기내 승무원, 기장, 발권 직원, 공항의 보안 직원 정도만 볼 수 있지만, 승객이 무사히 여행을 떠나기 위해서는 이외에도 공항 청소 직원, 관제탑 직원, 항공사 스케줄 직원, 수하물 직원, 기내 청소 직원, 항공기 정비사, 지상 조업사, 케이터링 직원, 현지 체류 직원 등 셀 수 없이 많은 사람들이 묵묵히 자신의 일을 수행하고 있다. 보이지 않는 곳에서 하는 각자의 업무들이 모두 합쳐질 때 하나의 비행이 가능한 것이다. 다른 직원들이 준비해 준 것들을 승객들에게 대표로 제공한다는 마음에 더 책임감을 갖게 되었다.

승무원 취업 준비부터 합격까지

항공사마다 승무원 신입 사원 모집 과정이 다르다. 공통으로 서류, 면접, 신체검사, 체력검사로 이루어지는데, 회사가 요구하는 기본적인 자격만 갖춘다면 누구나 서류 전형에 지원할 수 있다. 영어 자격은 지원 자격 이상의 점수만 필요할 뿐 반드시 고득점일 필요는 없다. 외국어 능력 또한 참고사항이어서 결과에 절대적인 영향을 미치지는 않는다.

나는 서류 전형에 합격한 후, 한 번의 영어 구술 면접을 포함하여 총 세 번의 면접을 봤다. 자기소개서를 쓰거나 면접에서 답변할 때는 자연스럽게 자기만의 생각을 풀어내는 것이 좋다. 특히 면접은 객관식 문제처럼 답이 정해져 있는 것이 아니어서 자신의 가치관을 면접관들에게 말로 설명하면 된다. 더 중요한 것은 이에 앞서 자기 자신이 어떤 사람인지 고민해 보고, 면접에서 자신을 어떻게 표현할지 생각해 보는 것이다. 그런 시간을 통해 자신을 제대로 표현할 수 있는 방법을 찾을 수 있다.

면접에 모두 합격했다면 체력검사와 수영 테스트로 넘어간다. 일반 회사와 다른 점이 수영 테스트를 진행한다는 점이다. 하지만 수영을 못한다고 해서 꿈을 포기하긴 이르다. 실제로 수영을 전혀 못해도 수영 테스트 전까지 집중적으로 연습해서 합격한 사례도 많다. 뛰어난 수영 실력을 확인하는 것이 아니기 때문에 미리 연습한다면 수영을 아예 못하는 사람들도 충분히 합격할 수 있다. 그러고 나서 유연성, 순발력, 지구력 등을 포함한 체력검사를 진행한다. 그 후에는 시력검사, 청력검사, 혈액검사 등 건강 진단을 진행하고, 이상이 없는 경우 최종 합격의 기쁨을 누릴 수 있다.

입사하고 나면 실제 비행을 시작하기 전까지 4개월 동안 회사에 매일 출퇴근해야 한다. 처음 한 달은 입사 교육을 받고, 다음 두 달은 안전 훈련, 마지막 한 달은 서비스 훈련이 있다. 입사 교육을 제외한 3개월의 훈련 기간에는 유니폼을 입고 출퇴근한다. 이 기간에는 두꺼운 기종 교육서를 암기하고 매일매일 시험을 보는 하루가 반복된다.

서비스 훈련도 예외는 아니다. 기종별, 노선별, 거리별로 다른 각각의 서비스 순서를 외우고 실습하고 시험을 봐야 한다. 처음으로 진짜 승무원들이 비행기에서 어떤 일을 하고, 어떻게 안전과 서비스를 책임지는지 구체적으로 배울 수 있는 시간이다. 내가 상상했던 것과는 많이 다른 승무원의 업무를 직접 겪고 나니 실제로 비행하고 있는 승무원들이 존경스럽게 느껴지기까지 했다. 3개월 동안은 공부와 시험과 씨름하느라 잠도 제대로 자지 못하고 훈련에 집중해야 한다. 훈련 중 두 번의 실습 비행을 하며 진짜 서비스를 경험한 뒤에 무사히 훈련을 마치면 정식 승무원으로서 비행할 수 있게 된다.

직접 겪고 나니 강도 높은 체력 소모가 가장 큰 문제였다. 하지만 조금씩 시간이 지나면서 적응되자 이런 문제점들은 자연스럽게 해결됐다. 비록 하나의 업무에 적응되면 또 새롭게 배워야 할 업무가 생겼지만 말이다.

나는 2년 정도 이코노미 클래스 승무원으로 업무를 익힌 후에 상위 클래스 교육을 받았다. 훈련생으로서 배우는 서비스 교육은 이코노미 교육으로만 진행되기 때문이다. 비즈니스와 퍼스트 교육은 한 달 동안 진행되며, 역시 매일같이 공부와 시험, 실습이 반복된다. 수업의 주 내용은 비행별 서비스 순서를 암기하고, 상위 클래스에서 제공되는 음식,

음료에 대한 전반적인 지식에 관해 학습하는 것이다. 실습 비행을 통해 실전 경험을 쌓은 다음 비행에 복귀하게 된다. 교육을 수료한 승무원은 그다음부터는 모든 클래스에서 업무를 수행할 수 있다.

서비스 훈련뿐만 아니라 승무원에게 가장 중요한 안전 훈련도 매년 한 번씩 시행된다. 위급 상황 시에만 사용하게 되는 안전 장비, 의약품 등은 실제로 작동할 일이 많지 않아서 매년 훈련을 반복해야 한다. 정기 안전 훈련을 받는 날에는 여러 가지 시험도 치르고 실제처럼 실습도 한다.

비행 전에는 브리핑을 통해 승무원들이 모여 당일 비행할 기종에 관한 공부와 주요 장비의 위치, 비상시 대처 방법에 대한 정보를 공유한다. 이렇게 비행 전에 반복적으로 학습함으로써 실수를 줄이고, 갑작스러운 비상 상황에서 신속하고 정확하게 대처할 수 있게 된다.

승무원의 스케줄표 총정리

승무원은 매달 정해진 날짜에 다음 달 스케줄이 나온다. 무작위로 정해지는 스케줄이지만, 한 달에 최소 8일의 휴일이 보장된다. 장거리는 두 번 정도이고, 중거리와 단거리, 국내선 스케줄이 빈칸을 채우게 된다. 한 달 평균 80~90시간을 비행하게 되는데, 이는 항공기 엔진이 'on'이 되는 시간부터 'off'가 되는 시간을 말하는 것이기 때문에 실제로 준비 시간과 브리핑 시간을 합치면 더 많은 시간을 할애하게 된다.

하지만 매일 출근하는 것이 아니라 비행이 있는 날에만 출근한다는 특징도 있다. 제공되는 스케줄표에는 비행 스케줄 이외에도 여러 가지 형태의 스케줄이 있다. 예를 들어 공항 대기 스케줄이 있는데, 이는 김포

공항이나 인천공항에 출근해서 대기하는 것이다. 만약 어떤 이유로 승무원이 필요하게 되면, 대기하던 승무원에게 연락이 가고 해당 비행으로 즉시 투입되는 시스템이다. 따라서 어떤 곳에 가게 될지 모르므로 장거리에 대비한 짐을 챙겨서 출근해야 한다.

반면, 자택 대기는 온종일 집에서 대기하는 것이어서 유선으로 통보받으면 바로 출근해야 한다. 장거리 대기 스케줄은 장거리 비행에 가게 될 예정으로, 그 시기가 되면 장거리 스케줄이 나온다. 마지막으로 대기 스케줄은 스케줄표에서 '빈칸'으로 나오는데, 어떤 스케줄이 나올지 전날까지 전혀 알 수가 없다. 쉬는 날이 나올 수도 있지만, 중거리나 장거리가 나와서 뒤에 있던 스케줄이 모두 바뀔 수도 있다.

이런 형태의 스케줄이 많은 이유는 각 항공기마다 승객 수에 따라 꼭 필요로 하는 승무원의 수가 정해져 있기 때문이다. 승객이 갑자기 늘었거나, 승무원이 출근길에 교통사고가 났거나, 기종이 변경되는 등 돌발 상황으로 인해 승무원의 수가 부족하면 대기하는 승무원을 부르게 되는 것이다. 안전을 담당하는 승무원의 수가 충족되지 않을 경우 비행기도 운항할 수 없어서 대기하는 승무원이 항상 있어야 한다.

통상적으로 장거리 비행 후에는 이틀, 중거리 비행 후에는 하루의 휴일이 주어지지만, 단거리와 국내선은 휴일이 없다. 하지만 스케줄 패턴에 따라 길게는 4일까지 휴일이 주어지는 노선도 있다. 꼭 쉬어야 하는 날이 있다면 두 달 전에 미리 휴일을 신청하면 된다.

승무원을 꿈꾸는 사람들에게

승무원을 꿈꾸는 사람들이라면 합격을 위한 자기소개서와 면접 답안을 준비하는 것보다 먼저 해야 할 일이 있다. 지원하기 전에 기내에서 승무원이 하는 주된 업무는 무엇이고, 실제로는 어떤 업무를 수행하는지 자세하고 구체적으로 알아보길 바란다. 나도 생각했던 것과 매우 다르다는 것을 느꼈고, 몇몇 동료들은 이런 이유로 이직하는 경우도 있었기 때문이다. 모든 직업이 그렇듯이 승무원이라는 직업도 장점과 단점이 있다. 보이는 모습보다는 승무원에게는 더 중요한 업무가 많다는 것을 기억하자.

보통 면접 준비를 할 때 예상 질문을 모으고 답변을 고민한다. 예를 들어 '승무원은 어떤 점이 가장 힘들 것 같은가?', '승무원을 지원한 동기는 무엇인가?', '나의 어떤 점이 승무원으로서 적합하다고 생각하는가?' 등의 질문에 합격을 위한, 면접관을 위한 답변을 고민하는 식이다.

그러나 이런 질문들에 대한 답을 자신에게 되묻고 솔직한 답을 생각해 보는 것이 좋다. 비록 실제 면접에서 그 대답을 말하지 않을지라도 이러한 고민이 '직업으로서의 승무원과 나'에 대해 고민해 볼 수 있는 기회가 된다. 생각을 반복하다 보면 면접에서도 '나는 어떤 사람인지' 면접관들에게 자연스럽게 소개할 수 있는 답변이 나올 것이다.

Landing

전 세계 승무원들이 애정하는 핫 플레이스

많은 사람들이 궁금해하는 승무원들의 파우치를 공개해 보려고 한다.
덧붙여 내공 쌓인 여행 노하우를 통해 나라별 쇼핑 리스트,
전 세계에 퍼져 있는 승무원들의 단골 맛집 등
어디에서도 찾아볼 수 없는 승무원들의 리얼 TMI를
살짝 풀어놓았다.

Gate 1

승무원의 세컨드 백, 파우치 파헤치기

승무원 세컨드 백 훔쳐보기

승무원은 보통 여러 개의 캐리어를 들고 다닌다. 해외에서 *레이오버할 때 사용할 물건들은 큰 캐리어에 들어 있고, 비행 중 기내에서 쓰는 물건들은 세컨드 백이라 불리는 작은 가방에 들어 있다. 비행에 꼭 필요한 물건부터 있으면 좋은 유용한 물건까지 승무원들의 기내용 파우치 속에는 어떤 것들이 들어 있는지 살펴보자.

***레이오버:** 비행으로 간 해외에서 일정 기간 머무는 것

승무원들의 기내용 캐리어 속 아이템

포켓파이, 휴대용 얼룩 제거제(Tide togo), 물티슈, 가그린(리스테린 프레시버스트, Ice breaker), 마스크, 휴대용 헤어스프레이(베드헤드, TRESemme, g global 스프레이), 향수(딥디크, 아틀리에 코롱), 볼펜, 포스트잇, 휴대용 구두닦이, 휴대용 파우치, 여권, 승무원 등록증, 기내화, 비행 서류(달라지는 비행 기종, 비행의 특성, 도착 국가의 입국과 면세 기준 등을 정리해 놓은 본인만의 자료), 앞치마, 가디건, 미스트(꼬달리), 종이비누

승무원 파우치 속 필수 아이템

독자들이 궁금해하는 승무원들의 파우치를 꺼내보았다.

나의 레이오버용 파우치

조르지오 아르마니 래스팅 실크 UV 파운데이션 5호, 에스티로더 더블웨어 파운데이션 1W1, 아틀리에 코롱 세드라 에니브랑, 핑크에디션 바이 퓨어뷰티 골드 오렌지 어딕티드 섀도 팔레트, 맥 비밍블러쉬 하이라이터, 맥 피치스 쉬어톤 블러시 블러셔, 맥 버건디 타임스 나인 아이섀도, 이니스프리 섀도 펜슬 3호 눈부신 모래사장, 나스 컨실러 커스터드 미디움 1, 키스미 롱앤컬 마스카라 슈퍼워터프루프 블랙, 키스미 스무스 리퀴드 아이라이너 블랙, 라네즈 내추럴 펜슬 2호 카키, 시세이도 뷰러, 에스쁘아 러브 온 에어 PK001, 생로랑 바이닐 크림 틴트 409, 샤넬 르 루즈 크레용 드 꿀뢰르 7호 푸시아, 슈에무라 립스틱 376, 샤넬 루쥬 알뤼르 벨벳 68

나의 기내용 파우치

안나수이 거울&면봉, 뉴컬러 라이트 스테이 새틴 매트 쿠션 01 라이트, 캐스키드슨 블러썸 바디로션, 생로랑 따뚜아주 꾸뛰르 매트 스테인 1호, 더페이스샵 글로리 터치 립스틱 CR 02 파티 코랄, 리스테린 프레시버스트 포켓미스트, 프라고나르 에뚜알 오 드 퍼퓸, 볼펜

10년차 레이오버용 파우치

미샤 슈퍼 아쿠아 아이스 티어 에멀젼, 피지오겔 데일리 모이스처 페이셜 크림(수분 크림), 에스티로더 더블웨어(1W1 BONE) 파운데이션, 루나 프로퍼펙팅 스틱 컨실러(02 네추럴 베이지), 롱래스팅 팁 컨실러(02 네추럴 베이지), 투쿨포스쿨 아트클래스 바이 로댕 섀이딩, 루나솔 스킨 모델링 아이즈(01 베이지 베이지), 아리따움 모노아이즈, 스틸라 글리터 앤 글로우(키튼 카르마), 클리니크 치크 팝&블러쉬 팝(08 멜론팝) 블러셔, 맥 미네럴라이즈 스킨피니쉬(소프트 앤 젠틀) 하이라이터, 이니스프리 납작 아이브로 펜슬(4 새벽 이슬 애쉬브라운), 삐아 라스트 오토 젤 아이라이너(20 재즈), 키스미 히로인 메이크 스무스 리퀴드 아이라이너(01 블랙), 키스미 히로인 메이크 볼륨&컬 마스카라(01 블랙), 입큰 뉴욕 스킨 피니쉬 팩트(21호 누드 베이지), 히말라야 립밤(튜브 타입), 디올 립 타투 롱웨어 컬러드 틴트(451 네추럴 코랄), 디올 어딕트 립스틱(667 애비뉴), 메이크업 포에버 미스트 앤 픽스 미스트

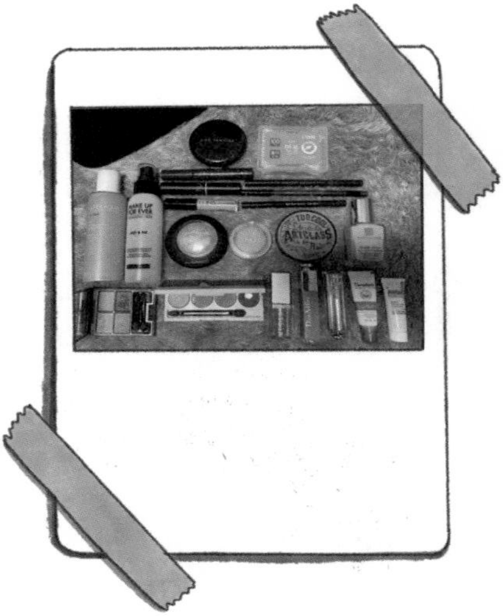

10년차 기내용 파우치

에이지투웨니스 에센스 커버팩트(21호), 케어존 닥터솔루션 아쿠어 클래리파잉 스팟패치, 미샤 트리플 섀도(04 초콜릿 브라운), 히말라야 립밤(튜브 타입), 디올 립 타투 롱웨어 컬러드 틴트(451 네추럴 코랄), 디올 어딕트 립스틱(667 애비뉴), 나스 애프터글로우 립밤(히든 플레져), 에스티로더 퓨어컬러 앤비 립스틱(420 레벨리어스 로즈), 샤넬 : 루즈 코코 플래쉬(86호), 더싹 오드 퍼퓸 랩핑 오일(화이트 자스민), 배쓰 앤 바디웍스 룸스프레이(유칼립투스 민트), 끌로에 오드 뚜왈렛 네추럴 스프레이, 다이소 낱개 포장 면봉, 랄라블라 올리브오일 리무버 스틱 면봉

11년차 레이오버용 파우치

맥 아이섀도 허니러스트, 투쿨포스쿨 아트클래스 바이 로댕 쉐이딩, 빌리프 클래식 에센스, 겔랑 빠뤼르 골드 래디언스 파운데이션, 맥 스트롭크림 실버라이트, 이니스프리 미네랄 메이크업 베이스 그린, 페리페라 잉크 블랙 마스카라, 키스미 히로인 메이크 스무스 리퀴드 아이라이너 브라운, 입생로랑 루쥬 볼립떼 샤인, 헤라 선메이트 레포츠 프로 워터프루프, 루카스 포포크림, 마몽드 팡팡 쉐이딩 헤어섀도 01호 동안헤어, 로라메르시에 섀도 진저, 닥터텅스 치실, 리스테린 포켓미스트 가글 스프레이 쿨민트, 바이레도 블랑쉬, 록시땅 핸드크림, 시세이도 뷰러

11년차 기내용 파우치

캐스키드슨 파우치, 카밀 핸드크림, 리스테린 포켓미스트 가글 스프레이 쿨민트, 로라메르시에 섀도 진저, 에이니 쿠웨니스 에센스 커버팩트 엘엑스 23호(견미리 팩트), 아와이 큐니클 오일, 777손톱깎이, 상비약(타이레놀, 이지앤6프로, 면봉), 고려은단 비타민C1000, Contractubex, 맥 올 파이어드 업, 3CE 벨벳 립 틴트 DAFFODIL, 키스미 히로인 메이크 스무스 리퀴드 아이라이너

13년차 레이오버용 파우치

알마니 301번 립틴트, 입생로랑 52번 립, 에스티로더 더블웨어 1N1 파운데이션, 어반디케이 volume 눈반짝이, 키스미 1번 블랙 마스카라, 모에타 잔머리 픽서, 랑콤UV메이크업 베이스 겸 선크림, Aesop 아로마틱 핸드밤, 바비브라운 Golden pink 쉐도우스틱, 맥 soba 아이섀도, 바비브라운 Blond 21번 아이브로(섀도), 바닐라코 프라이머, 마몽드 팡팡 헤어섀도 02 라이트브라운, 루이비통 향수 로즈데벙

13년차 기내용 파우치

나스 컨실러, 알마니립틴트 500번 코랄색, Duwop 립글로스, 베스앤바디 손세정제, 클리오아이브로 2라이트브라운, Stila 펜슬아이라이너 spice, 키스미 붓펜아이라이너 갈색, 아리따움 쿠션블러셔 3데이지코랄, 록시땅 핸드크림, 피토레스코 쿠션(미스트 비비쿠션)

13년차 레이오버용 파우치

에이지투웨니스 시그니처 에센스 커버팩트 모이스처 21 라이트베이지, 프리퓹스프레이 (라벤더향), 포밍무스핸드새니타이져, 아틀리에코롱 포멜로 파라디, 인공눈물, 맥 베가스볼트, 삐아 지적, 슈에무라 954, 마티덤 클렌징워터, 탈라 미스트, 미샤 큐티클 오일, 아베다 스트레스 픽스 아로마롤, 바세린 립테라피, 록시땅 시어버터 핸드크림, 리스테린 쿨 민트, 키스미 히로인 메이크 스무스 리퀴드 아이라이너, 모나미 유성매직, 동아 싹스틱, SC존슨 shout wipe & go

13년차 기내용 파우치

루나 롱래스팅 팁 컨실러 01 라이트베이지, 이니스프리 스키니 롱롱카라, 나스 멀티플 오르가즘, 슈에무라 마끼아쥬 뷰러, 이니스프리 노세범 미네랄 팩트, 루나솔 01 베이지베이지, 로라메르시에 메탈릭 크림 아이컬러, 이니스프리 눈썹 수정칼, 미샤 울트라 파워프루프 펜슬 라이너 애쉬 브라운, 슈에무라 하드 포뮬라 hard 9

계절따라 달라지는 날씨별 여행 필수품

여행 중 계절별 필수 아이템만 골라보았다.

더운 날

손풍기 : 더운 여름날, 얼굴에만 해줘도 화장이 무너지지 않는다.
양산 : 두피 보호를 위해 필요하다.
스카프 : 사람이 많아 양산을 쓸 수 없을 때 사용한다.
손수건 : 땀을 닦거나 벌레를 쫓을 때 유용하다.
워터슈즈 : 바다나 계곡에서 필요하다.
방수백 : 수중 액티비티 관광 시 유용하다.
모기 퇴치 스프레이 : 밖에서 밥을 먹거나 술을 마실 때 벌레들을 쫓아준다.
스틱 선크림 : 땀으로 자외선 차단제가 지워질 때 스틱 선크림을 덧발라준다.

추운 날

털모자 : 추울 때 머리 보온에 유용하다.
내복 : 추운 날씨에 필수품이다.
목도리 : 추울 때 가장 먼저 사게 되는 물건이다.
장갑 : 추운 나라에서는 꼭 필요하다.
핫팩 : 목 뒤에 붙이면 보온 효과가 좋다.
수면 양말 : 외국 숙소의 바닥은 차가운 공기가 있어서 실내에서도 수면 양말이 필수다.
보온 물주머니 : 뜨거운 물을 담으면 오랫동안 따뜻하게 들고 다닐 수 있다.

건조한 날

마스크 : 건조한 날씨에 하면 목이 따갑지 않다.
가습기 : 작은 휴대용 가습기만 있어도 목감기가 예방된다.
마스크팩 : 소중한 피부에 수분을 준다.
텀블러 : 텀블러에 물을 담아 수시로 마신다.
미스트 : 건조할 때 수시로 피부에 뿌려준다.

Gate 2

배낭여행 가기 전에 꼭 알아야 하는 꿀팁

배낭여행에서 빠지면 안 되는 필수 앱

앱만 잘 활용해도 편리하고 즐거운 여행을 할 수 있다. 배낭여행 시 활용하기 좋은 앱만 골라보았다.

우버이츠 : 팁이 없고 위치 확인이 가능하다.
우버 : 차량 공유 서비스. 팁 없이 목적지까지 정확하게 갈 수 있다.
오미오(omio) : 유럽의 모든 기차, 버스, 비행기 교통편을 한 번에 확인할 수 있다.

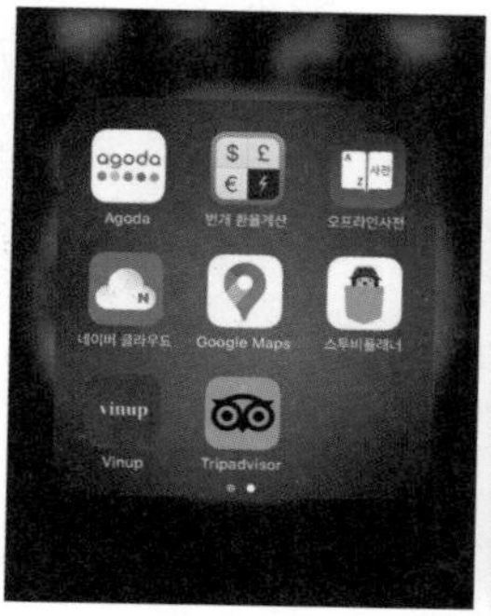

스카이스캐너 : 저렴한 항공편을 검색할 수 있다.
구글 지도 : 가고 싶은 곳을 즐겨찾기 해놓으면 오프라인에서도 찾을 수 있다.
파파고 : 언어 번역 서비스. 특히 중국어가 유용하다.
아고다, 에어비앤비 : 할인 프로모션을 이용하면 저렴하게 숙박 예약이 가능하다.
번개 환율계산 : 오프라인에서도 전 세계 화폐 환율 계산을 할 수 있다.
오프라인 사전 : 오프라인에서도 사전 기능을 사용할 수 있다.
빈업(vinup) : 와인 테이스팅 노트를 잊어버리지 않고 저장할 수 있다.
스투비 플래너 : 여행 일정을 한눈에 볼 수 있다.
트라비포켓 : 여행 지출 목록을 기록할 수 있다.
마이리얼트립 : 전 세계 현지 투어를 검색할 수 있다.
트립어드바이저(tripadvisor) : 전 세계 맛집의 평점과 리뷰를 볼 수 있다.
구글 드라이브, 네이버 클라우드 등 : 소중한 여행 사진을 미리 업로드할 수 있다.

사진 초보자에게 좋은 앱

스냅챗(snapchat) : 특이하고 다양한 필터로 재미있는 셀카를 찍을 수 있다.
유라이크(ulike) : 포즈 가이드를 제공해서 다양하고 자연스러운 포즈로 찍을 수 있다.
아날로그필름(analog flim) : 색감을 더 풍부하게 만들어준다.
스노우(snow) : 셀카에 최적화된 앱이다.
몰디브(moldiv) : 콜라주 작업을 할 때나 사진을 합칠 때 유용하다.
블로(VLLO) : 쉬운 동영상 편집이 가능하다.

안 사면 후회하는 나라별 쇼핑 리스트

태국 : 트리트먼트(케어링 에그 프로틴), 나라야 가방
중국 : 팩훠궈, 샤오미, 보이차, 페이유에
싱가포르 : 카야잼, 찰스앤키스, TWG Tea
베트남 : G7 커피, 라탄백, 칠리소스, 피쉬소스
인도 : 히말라야 수분 크림, 립밤, 파티스마트
필리핀 : 스펀지 과자, 칼라만시 원액
대만 : 펑리수, 누가 크래커, 흑진주팩
캐나다 : 아이스 와인
프랑스 : 옷(세인트 제임스 등), 향수(딥티크, 프라고나르, 아틀리에 코롱 등), 신발(레페토 등), 편집 숍(메르시 등), 화장품(유리아주 립밤 등), 몽생미셸(쿠키, 와인 등)
독일 : 리모와 캐리어, 화장품(유세린 등), 발포 비타민, 아요나 치약, 카밀 핸드크림, 마그네슘 영양제
이탈리아 : 명품 가방(샤넬, 루이비통 등), 옷(산드로, 마주, 막스마라, 몽클레어 등), 마비스 치약
네덜란드 : 스트룹 와플
헝가리 : 토카이 와인
크로아티아 : 피토 크림, 라벤더 제품
스페인 : 자라(ZARA), 벤티타루즈 세비야 비터 오렌지 에센셜 오일 핸드크림
포르투갈 : 포트 와인, 코르크 제품, 그린 와인
호주 : 스미글, 영양제, 포포크림, 판도라, 토블론 초콜렛
뉴질랜드 : 영양제(초록홍합), 마누카 꿀, 양 태반 크림, 프로폴리스 치약
몽골 : 캐시미어
텔아비브 : 사봉 바디스크럽

미국

마트 : 리스테린 프레시버스트, 샤우트 얼룩 제거제, 그릭 요거트 허니 바닐라, 코코넛 미라클 오일 헤어 제품, 누사 요거트, 네이키드 음료, 사우어패치, 센트룸 영양제, 플립즈 화이트 퍼지 프레첼, 베드헤드 스프레이, 트레제메 스프레이, 폴 미첼 스프레이
아웃렛 : 갭, 코치, 나이키 팩토리, 아디다스 팩토리, 어반아웃피터스 등

몰 : 배스앤바디웍스, 빅토리아 시크릿, 세포라 등
시애틀 : 스타벅스 1호점 텀블러
하와이 : 호놀룰루 쿠키, 룰루레몬
괌 : 구찌, 큐티클 제거 오일, 토리버치

*한국 입국 시 1인당 술 1병, 담배 1보루, 600달러 이상 물품 구매 시 반드시 세관 신고서에 작성 후 신고를 해야 한다.

도난 완전 방지 레알 꿀템

평소에는 잘 느끼지 못하지만, 우리나라는 전 세계에서 치안이 좋은 국가 중 하나다. 외국에서는 눈 깜짝할 사이에 물건을 도둑 맞는 경우가 허다하다. 돈이나 카메라를 빼앗긴 여행자들의 이야기를 들을 때면 나 또한 언제든 당할 수 있는 일이어서 걱정을 하지 않을 수 없다. 그래서 사소하거나 귀찮을 수 있지만 범죄 발생률을 줄일 수 있는 방법들을 소개해 보려고 한다. 결론적으로, '내가 귀찮으면 도둑들도 가져가기 어렵다.'가 포인트다.

옷핀 : 가방이나 지갑의 지퍼 부분에 걸어두면 쉽게 열기 어렵다.
스프링 줄 : 휴대폰, 가방 등의 소지품들을 청바지의 벨트 고리 부분과 연결시켜 몸과 떨어지지 않게 한다.
자물쇠 : 줄 자물쇠는 종종 공구를 이용해 끊고 훔치는 경우가 있으니 쇠 자물쇠와 같이 들고다닌다.
캐리어 커버 : 기차나 버스에서는 캐리어를 따로 두는 경우가 많은데, 종종 도둑들이 캐리어를 그냥 가지고 내리는 경우가 있다. 멀리서도 내 캐리어가 눈에 띌 수 있도록 밝은색 캐리어 커버를 씌워 표시해 두는 것이 좋다.

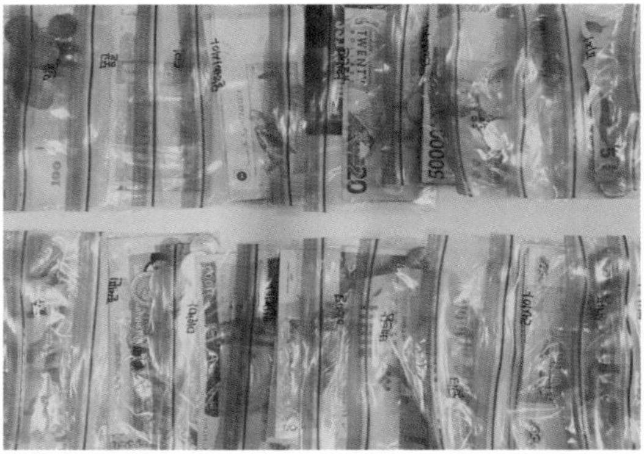

복대 : 크로스형 또는 벨트형이 있다. 이곳에 비상금과 여권 등 중요한 소지품들을 넣어 항상 몸에 지니고 다닌다.
핑거링 : 휴대폰 커버에 부착해서 휴대폰을 손에 들고 있을 때도 손가락에 끼워 두는 것이 안전하다.
스트랩 : 카메라를 들고 다니는 경우, 목이나 팔목에 꼭 스트랩을 거는 것이 좋다.
레인 커버 : 백팩을 메고 다니면 도둑들의 표적이 되기 쉬운데, 레인 커버를 씌우면 주머니의 위치를 쉽게 알 수 없어 도난당할 확률이 줄어든다.
현금 사이즈의 지퍼백 : 카드만 있으면 되는 우리나라와 달리 외국에서는 현금이 꼭 필요하다. 유럽 여행은 국가간 이동이 많지만 모든 국가들이 같은 화폐를 쓰는 것은 아니다. 따라서 국가별로 각기 다른 화폐를 잘 정리해 둘 필요가 있다. 현금을 보관할 때는 한 번에 넣는 것보다 지퍼백에 소액으로 나눠서 여러 곳에 보관하는 것이 더 안전하다.

Gate 3

전 세계 승무원들의 단골집 리스트

나라별 뷰티숍

*하노이
· 할레이 네일(Halei Nail) : 아트 젤 네일, 아트 젤 페디

*방콕
· 아트 오브 마사지(Art of massage) : 발 마사지
· 라바나(Lavana) : 전신 아로마 마사지. 모닝 프로모션으로 저렴하게 이용 가능
· 레츠 릴렉스(Let's relax) : 전신 마사지. 가성비 좋은 마사지 숍

*호치민
· 페임 네일(Fame nail) : 실력자 언니들의 아트 젤 네일&페디, 발 마사지
· 템플리프 스파랜드(Temple Leaf Spa Land) : 전신 아로마 마사지

*마닐라
· 궁스파(GOONG SPA) : 핫 스톤 마사지

*세부
· 트리 쉐이드 스파(TREE SHADE SPA) : 24시간 운영

궁스파(GOONG SPA)

전 세계 승무원들의 애정 맛집

아시아

*호치민

· 포2000(Pho2000) : 소고기 쌀국수, 짜조

*나트랑(냐짱)

· 포홍(Pho hong) : 소고기 쌀국수

· 옌(Yen) : 쉬림프 짜조, 모닝글로리, 해산물 볶음밥

· 락깐(Bo Nuong Lac Canh) : 각종 해산물, 야채, 꼬치 등

*다낭

· 하노이 쓰어(Ha noi xua) : 분짜

· 라루나 바&레스토랑(Laluna bar & restaurant) : 짜조, 볶음면, 해산물 볶음밥

· 버거브로스(Burger bros NCT) : 햄버거

*하노이

· 분보남보 : 비빔 쌀국수

· 분짜닥킴(Bun cha dac kim) : 분짜

· 맥주 거리 : 노천 테이블에서 시원한 맥주와 안주

*방콕

· 꽝시푸드(Kuang seafoods) : 모닝글로리, 푸팟퐁커리 등

· 맥도날드 : 콘파이

· 수다 식당(Suda Restaurant) : 태국 음식

*치앙마이

· 나이트바자(Night bazaar) : 야시장 음식

· 통템토(Tong Tem Toh) : 곱창구이

*푸켓

· 콩카페 : 코코넛 커피

· MK 수끼(MK restaurant), MK 골드 수끼(MK Gold restaurant) : 태국식 샤부샤부, 크림 번, 수박 주스

*발리

· 짐바란 시푸드(Jimbaran seafood) : 짐바란 해변에서 일몰을 감상하며 해산물 먹기

*마닐라

· 졸리비(Jolibee) : 치킨, 햄버거, 갈색 소스

· 제리스그릴(Gerry's grill) : 오징어구이, 닭고기 꼬치, 돼지고기 꼬치, 마늘밥

· 시사이드 마켓(Seaside market) : 새우, 게 등 신선한 해산물을 먹을 수 있다. 흥정 필수. 맞은편 식당으로 가서 조리해 달라고 하면 된다. 칠리소스 요리가 맛있는 곳

*세부

· 망 이나살(Mang inasal) : PM1.5 Spicy 매콤한 닭다리, 밥 무제한

· 스바로 피자(Sbarro pizza) : 화이트소스 피자

*시엠립

· 대박 식당 : 한국보다 맛있는 한식당. 망고 포장

· 레드 피아노(The Red Piano) : 안젤리나 졸리가 다녀간 분위기 좋은 펍

*싱가포르

· 브레드 톡(Bread talk) : 쥐포 빵

· 야쿤 카야 토스트(YaKun kayatoast) : 카야잼에 발라 먹는 카야 토스트

· 뉴턴 호커센터 31번집(Newton hawker center 31) : 저렴한 가격으로 칠리 크랩을 먹을 수 있는 곳

· 라우파삿 사테거리 7번집 : 꼬치와 시원한 맥주

· 점보 시푸드(Jumbo seafood) : 칠리 크랩, 시리얼 새우, 번

*타이베이

· 딘타이펑(Din tai fung) : 타이베이 101 타워 점. 샤오룽바오

· 아종면선(阿宗麵線) : 시먼딩에 위치한 인생 곱창 국수집

· 삼형매(三兄妹) : 망고 빙수

*상하이

· 서래판 : 한국보다 맛있는 철판 삼겹살집

· 차찬텡(CHA's restaurant) : 다양하게 즐기는 홍콩 음식

· 그랜드마더 레스토랑(Grandmother restaurant) : 동파육, 마파두부

*항저우

· 미드타운 브루어리(Midtown brewery) : 분위기 좋은 술집

*나리타

· 라멘바야시(Ramen bayashi) : 라면, 교자

· 에돗코스시 : 초밥

*도쿄

· 미도리스시 : 웨이팅이 긴 만큼 맛있는 식당

*나고야

- 도쿠베스시 : 오아시스21에 위치한 회전초밥집
- 호루탄야 : 맛있는 야키니쿠

*오이타

- 타케다 하츠히노데: 서비스가 좋은 이자카야

*삿포로

- 라멘공화국 : 에스타 백화점 10층의 라면 테마파크. 다양한 일본 라면을 맛볼 수 있는 맛집

- 모스버거 : 일본 햄버거 체인점

- 비루엔 : 홋카이도 대표 양고기 요리 징기스칸과 삿포로 생맥주 무제한

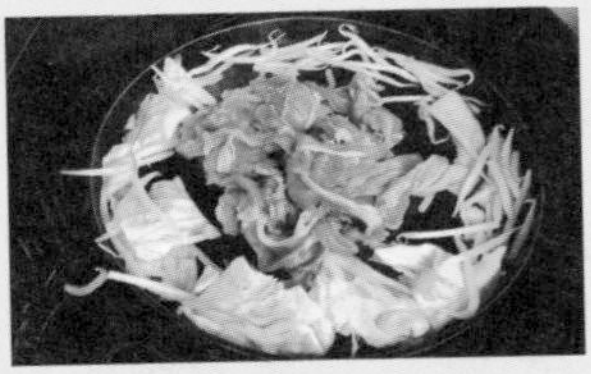

*오사카

- 다이키수산 회전스시 : 가성비 좋은 100엔 회전스시
- 멜론빵 : 디저트 또는 간식으로 추천

· 츠텐카쿠 모츠나베 : 곱창전골과 생맥주

· 난바우동 : 저렴하고 맛있는 우동

· 미즈가케차야 : 원하는 해산물과 꼬치를 고르면 직접 구워서 테이블까지 가져다 주는 이자카야

미국

*뉴욕

· 발타자르(Balthazar) : 소호에 위치한 분위기 좋은 레스토랑

· 피터 루거(Peter luger) : 설명이 필요 없는 인생 스테이크집

· 쉑쉑버거 매디슨 스퀘어 파크점 : 1호점, 첫 비행 때 먹었던 잊지 못할 맛

· 더 프레스 라운지(The press lounge) : 뉴욕 야경이 보이는 바

· 도미니크 엔젤 베이커리(Dominique ansel bakery) : 크루아상+도넛=크로넛

· 매그놀리아(Magnolia bakery) : 바나나푸딩

· 블루보틀(Blue bottle) : 원두가 맛있는 카페

*로스앤젤레스

· 아가씨 곱창 : 곱창

· 북창동 순두부 : 한국으로 역진출한 순두부찌개

· 에그슬럿(Eggslut) : 오렌지주스와 샌드위치

· 별곱창 : 곱창, 대창

· 치폴레(Chipotle) : 맛있는 멕시코식 미국 요리

· 판다 익스프레스(Panda express) : 대중적인 중국식 미국 요리

· 자니 로켓(Johnny Rockets) : 미국식 수제 버거

*샌프란시스코

· 피어 39 보딘 베이커리(Boudin bakery cafe) : 클램차우더

· 파이브 가이즈((Five guys) : 버락 오바마도 인정한 미국 3대 햄버거

*시애틀

· 크랩 팟(The crab pot) : 망치로 깨 먹는 게 요리

· 핑크 도어(Pink door) : 파스타

*시카고

· 코리아나 : 한식당. 승무원들이 시카고에 오는 이유

· 지오다노스 피자(Giordano's pizza) : 시카고 피자

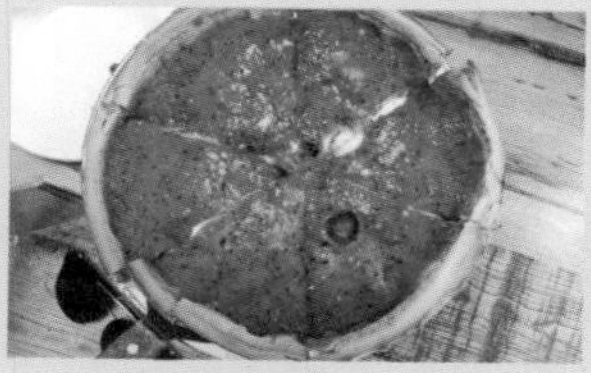

*라스베이거스

· 인앤아웃(In&Out burger) : 냉장 패티와 통감자로 만든 프렌치프라이 햄버거

*하와이

· 마루카메 우동(Ma ru ka me udon) : 줄 서서 먹는 맛집, 무스비

· 치즈케이크 팩토리(The cheese cake factory) : 햄버거, 파스타

· 루스 크리스(Ruth chris) : 스테이크

· 에그 앤 띵스(Egg & Things) : 로코모코

· 아일랜드 빈티지 커피(Island vintage coffee) : 아사히 볼

· 치즈버거 인 파라다이스(Cheeseburger in paradise) : 치즈버거

· 서울정 : 은대구 조림

· 일리마(Ilima) : 냉라면

· 쉐라톤 호텔 비치 바 : 치치 칵테일

캐나다

*밴쿠버

· 팀 홀튼(Tim hortons) : 프렌치 바닐라 커피

· 수라 : 한식당

유럽

*바르셀로나

· 코네사(Conesa) : 샌드위치

· 시체스 모레노 17(Moreno major 17) : 올리브와 감자튀김

· 추레리아(Xurreria) : 기본 추로스

· 엘 그롭(EL grop) : 먹물 파에야, 칼솟(파구이), 샹그리아

· 모리츠 맥주 공장(Fabrica moritz) : 160년 역사를 가진 맥주 공장

*그라나다

· 알라메다(Alameda) : 와인 포함 정식 코스 요리

· 보데가스 엘 토로(Bodegas el toro) : 가성비 좋은 코스 요리

· 로스 디아만테스(Los diamantes) : 타파스

*세비야

· 타파스바팔레요(Pelayo bar de tapas) : 감바스, 문어 요리

*리스본

· 파스테이스 드 벨렝(Pastis de belm) : 에그타르트

· 포푸(Pho Pu) : 베트남 쌀국수

· 투즈 굿 푸드(Tuz good food) : 케밥

*빈

· 립스 오브 비엔나(Ribs of Vienna) : 립

· 피그뮐러(Figlmuller) : 슈니첼

*할슈타트

· Cafe bachts polreich : 전망 좋은 레스토랑

*부다페스트

· 미톨로지 부다페스트(Meatology budapest) : 베이컨 치즈버거

· 까마귀 식당(VakValrju) : 굴라쉬 스프

*자그레브

· 녹트르노 레스토랑(Nokturno restaurant) : 리조토

· 라 스튜루크(La struk) : 크로아티아 전통 음식(파프리카 맛)

*베네치아

· OKE : 피자, 카르보나라 파스타

*피사

· Ristorante Capodimonte Pisa : 맥주

*파리

· Au bon accueil : 에펠탑이 보이는 레스토랑의 코스 요리

*니스

· O'CRAZY : 베트남 쌀국수, 짜조

*브뤼셀

· 더랍스터하우스(The lobster house) : 홍합, 감자튀김

*뮌헨

· 호프브로이하우스 : 흑맥주. 세계 최대 맥주홀

· 학센바우어 : 학센, 흑맥주

*프라하

· 스트라호프 수도원(Strahov monastery) : 오리 요리, 굴라쉬

· 코즐로브나 아프로포스(Kozlovna apropos) : 코젤 흑맥주, 스비치코바, 타르타르

· 우베이보두(U vejvodu) : 꼴레뇨

*체스키크롬로프

· 에겐베르크(Eggenberg restaurace) : 스비치코바

*프랑크푸르트

· 아돌프 바그너(Adolf wagner) : 슈니첼,

학센, 아펠바인

*하이델베르크

· Vetters brewery : 직접 양조한 다양한 맥주

대양주·괌

*괌

· 프로아(Proa) : BBQ, 스테이크

· 비치인쉬림프(Beachin' shrimp) : 캘리포니아 쉬림프 롤, 감바스

· 카프리초사(Capriccios) : 크림소스 새우 시금치 그라탕, 라이스 볼, 먹물 파스타

· 호텔 니코 선셋 바비큐 : 아름다운 노을과 함께 즐기는 바비큐 파티

*시드니

· 피쉬 마켓(Fish market) : 해산물 시장

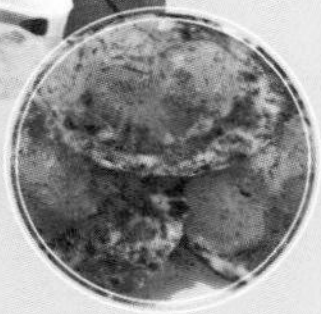

· 필립스 풋(Phillips foote) : 스테이크

· 하드락 카페(Hard rock cafe) : 달링 하버가 내려다보이는 테라스 자리가 있는 곳

*사이판

· 천지(Chun Ji) : 참치회

· 스파이시 타이 누들 플레이스(Spicy thai noodle place) : 점심 뷔페

· 무라이치방(Mura ichiban restaurant) : 매운 조개 볶음

*오클랜드

· 옥시덴탈(The occidental) : 홍합

· 앵거스 스테이크 하우스(Angus steak house) : 오클랜드에서 가장 인기 있는 스테이크집

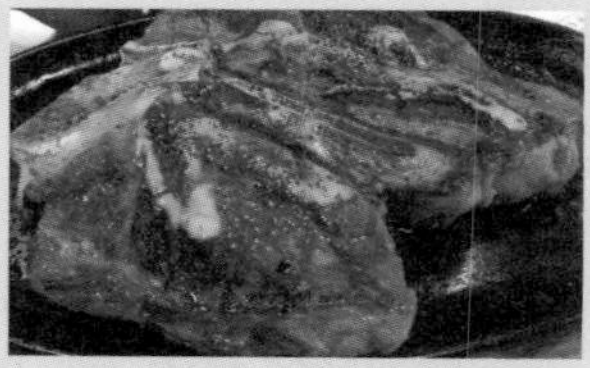

*팔라우

· 수리요 타이(Suriyo thai) : 팟타이 등